瞬時競爭力

5G時代打通管理 和 領導任督二脈的組織新能力

顏長川——著

THE FIFTH GENERATION TECHNOLOGY STANDARD FOR CELLULAR NETWORKS

一個資深顧問的
體驗報告

中華經濟研究院董事長｜**曹添旺**

　　第五代行動通訊（5G）結合人工智慧物聯網（AIoT）帶動各行各業的蓬勃發展。中華電信以最大 5G 頻譜頻寬、最廣覆蓋的 4G、5G 行動寬頻網路為目標，鞏固市場地位、提升客戶體驗、創新應用服務、鏈結垂直場域，引領台灣進入 5G 新時代。同時創新投資，廣結盟，攬英才，穩固 5G 領先地位，打造 5G 時代大未來；在 2020 年 6 月 30 日開台，成為台灣第一個推出 5G 服務的電信業者。初期將先推出符合企業及消費者需求的商業化服務，並制定合理的各項費用，成為業界的指標。

顏長川先生服務中華電信董事長室資深顧問期間，發現中華電信早就有電子錢包和歡樂點的業務，只是好像不太受到重視，淪為聊備一格的「Me too」業務；只有少數幾個人負責，更談不上有什麼績效，連自己的員工都不感興趣。他幾度在重要的業務策略會議上，力倡電子錢包和點數是未來開拓新戶、增加 ARPU 和黏住客戶的非常重要的策略產品組合，應將眾多分散的相關單位匯總起來，由專業團隊負責並訂定顯著的業務目標努力追求之。他建議大家要把客戶的位階拉高到「Customer is God」層級，且需以「會員」經營之；而點數是膠，會黏住客戶，要當第二貨幣（second currency）看待，「累點多元、集點靈活、兌點優惠」是點數經營三部曲，必須一心一意去贏得「最有賣點」的點數公司的頭銜。

　　顏長川先生曾服務中國信託銀行 25 年，有相當豐富的金融經驗；當大家在為是否要投資純網銀而議論紛紛、莫衷一是之際？他不疾不徐地將電信業為何要再投資純網銀的理由娓娓道來：「中華電信因應數位匯流的趨勢，

蛻變成最有價值與最值得信賴的資通訊公司；在大數據中運用雲端運算發展出物聯網（IoT+）業務。在顧客關係管理方面（Customer Relationship management，簡稱CRM），若能加強個資資安、法遵監理和洗錢防制、傾聽顧客聲音（Voice of Customer）、便能提供「智能客服」和「精準行銷」。利用此一基礎，結合金融機構組成一家「未來銀行」（NEXT BANK）是順理成章的事。特別是針對「年輕族群」（信用小白），將人工智慧（AI）技術運用在「申請和審核」上，讓普羅大眾或市井小民都能享用線上存款、證券、基金、微信貸、跨境匯款、旅行平安及意外險……等金融產品，甚至可透過「機器人理財」；將人流、金流、產品流、資訊流熔於一爐，實現「普惠金融」的理想。」顏長川先生再將電子錢包、點數經營和純網銀結合成一幅「金融科技的生態系」，點出「一台智慧手機就是一家分行、一點一元就是虛擬貨幣」，讓大家都茅塞頓開了！

有鑑於百年老店的中華電信員工似乎還保有一點點

「固守本位、防弊重於興利及過度保守」之心態，顏長川先生曾舉辦過 15 梯次的「新中華電信人 3 天菁英訓練」，企圖塑造「由負轉正、勇於創新」的 One CHTer。據他說當時的財務長手下有一個會計副總很想參加，但礙於需要離開工作崗位 3 天，直呼不可能；還好有一位協理自告奮勇願承擔代理工作，而財務長也鼓勵她儘管去受訓，該副總才得以出席。而後，顏長川先生在中國信託的 25 年金融實務經驗和在哈佛企管的 13 年專業講師經驗派上用場，深入淺出的課程內容讓參與者驚為「神」課程，甚至建議為整個中華電信集團的財會人員，加開一個梯次。自此，顏長川先生的課程傳為美談。

顏長川先生自稱「智慧老人」，他從 2017 年起在 FB 和 YouTube 上用直播或錄影的方式開一個「一周一書」的讀書心得分享會，目的是要協助大家養成讀書習慣，以便能吸收新知識、激發新創意（據統計，台灣人一年只讀 2 本書）；他堅持一個星期讀一本書，一年讀了 52 本書，迄今已經是第四年了。我非常佩服他的這種精神和毅力；

每周都在期待他為大家「精讀一本書，找出 3 個活用觀念，外加可能影響一生的一句話」的 7 分鐘影片。

顏長川先生將 5G 時代視為「百倍速」或「加零競速」的時代，呼籲職場人士必須按照六大步驟：（1）調整 N2Y 心態，（2）活用新 3C 觀念，（3）記住 6 字箴言，（4）揮灑 2 把刷子，（5）勤練 18 項商場技能和（6）秒傳商場智慧；才能建立「瞬時競爭優勢」，成為新經理人，鍛造幸福企業。

如今，長川兄願意將他對 5G 新時代的觀察和體會，以及建立瞬時競爭優勢六大步驟的具體做法和工具，寫成本書，分享給社會大眾的職場人士，這種不藏私的作風，我極為欣賞，故樂為之序。

智慧老人的
乾坤大挪移

中信金控首席經濟學家／
台大經濟系名譽教授｜**林建甫**

　　顏長川先生是我台大經濟系的學長。幾年前在一個餐會場合認識，才知道我有一位這麼經歷豐富，各方面表現傑出的學長。認識學長後，他真的是以文會友，從社交軟體傳來的不是長輩圖的問候，而是他報章雜誌的文章。最近疫情的關係，他傳來的是「敬愛的親友：抗疫期間閱讀最安全了！請給我 7 分鐘，讓我為你精讀一本書。」附贈的連結就是他在 Youtube 中錄下的七分鐘新書介紹。大概一周一次的訊息傳遞，也成為我每周必收看的功課，讓我收穫良多。最近他給我傳了電郵，告訴我他即將出新

書，囑咐我幫忙寫序。我當然義不容辭。

很多人在年紀大了後，可能習慣於安逸，或是缺乏挑戰的勇氣，每天就走相同的路，依樣畫葫蘆的過人生。但長川兄，不是這樣的人。學長大我幾歲，他走的路非常豐富，他先在金融界服務，歷練過個金、法金、國際金融、證券、駐外單位等重要部門。他開了中國信託商業銀行的加拿大子行，並曾擔任中國招商銀行信用卡中心的行銷企劃顧問。這已經是不得了的豐功偉業，他在服務 25 年後，轉行到企管顧問公司，擔任雜誌總編輯、e 化事業部總經理。他雖然不是學術圈內的人，但是可以用「著作等身」來形容，因為他已經出版過十幾本書，而且很多的書在企業管理界都是擲地有聲的巨作。另外值得一提的是：1993 年中國信託銀行推出第一張公益認同卡「慈濟蓮花卡」，蓮花卡的設計人就是長川兄。他當時還陪同主管，親自向上人報告發行信用卡的事宜，讓金融與慈善能共相結合，相得益彰。

長川兄退而不休，現在更以「智慧老人」自居，並以「生活教練」和「生命管家」自許。除了寫文章，更走在時代尖端，成了直播主，做自媒體將「經營的智慧、職場企管實務和個人生活體驗」分享給社會大眾，非常值得敬佩。

　　這本《瞬時競爭力》，是現在這個時代想要增強自身競爭力所必需看的書。5G 是新時代的產物，讀者要在新時代適者生存，更要取得先機，這本書的幫助會很大。而就像作者講的要「建立瞬時競爭優勢」，書中第十四章就是所有濃縮的精華。只要按照書中歸納出的六大步驟，認真調整學習，長川兄就幫你打通任督二脈，瞬間傳輸一甲子功力給你。

　　長川兄的表達能力很強。讀他的文章，會喜歡他講的觀念，因為他的經驗豐富，文筆又好，旁徵博引，信手拈來都是有趣的例子。而看他的直播節目，會被他的語言、動作給吸引，也會被他傳達的觀念給洗腦。這是「智

慧老人」厲害的「乾坤大挪移」。

好東西要與好朋友分享。你如果也要感受顏長川先生的震撼，請你泡一杯茶或咖啡，打開這一本書，好好的享受書中的微言大義。不過我還要建議你在 Youtube 中，搜尋「智慧老人」的影片，觀賞學習，保證你收穫滿滿。之後更要按下小鈴鐺，加以訂閱，並且也分享給你的好友。

從遽變談瞬間競爭

康師傅控股公司人資長｜**吳之煒**

　　疫情期間，跨國人力資源諮詢公司首席顧問，問我在疫情期間你們公司人力資源部門做了多少因應措施？相較一般企業在此期間推動很多的裁員、降薪，甚至關店、歇業……，我回答，我們一直持續在做面臨環境挑戰的人力資源變革，沒有因為疫情而加速或緩慢下來。因為，環境遽變其實早已來臨而常態存在，「疫情」只是遽變時期一個跑出變革上下管制界限（Control limited）的一個變異點。按理講一個正常的企業，它就是變革管理狀況點之一，只是狀況大一點而已。

變革時期成爲企業面臨挑戰的常態而非變態，企業不變無以應萬變，想遵循隨時多變的環境，不管個人或企業只能不斷調整自己的心態、作法與學習。否則溫水煮青蛙時代已經遠離，不再有溫水一來就是沸水。

顏長川先生的《瞬時競爭力》與其說是提醒大家如何因應 5G 時代的來臨，不如說詳實的演繹一個多變化、遽變異的時代早已開始，我們如何體認、調適，再去面對。顏先生提到新 3C 觀念（Changes, Challenges and Chances）貼切地摘要快速變遷的時代三個特性：改變、挑戰與機會。早在三年前，當我們公司在推動人力資源變革時，就主張「正念才會有正能量，轉念才能轉型升級」新 3C 時代不再是電子化、數字化的問題，而是以變革引導出挑戰，帶來未來新商機與個人發展新機會的時代。

舉一個人力資源管理驅動變革或拯救企業的實際例子（HR rescue enterprises）：過去人力資源指標設定（HR KPI）、計劃擬定 (HR Planning)、行動方案（Action

Plan）、組織規模（Organization Size）、方針策略（Strategy and Direction）……均為年度管理循環。因應瞬間競爭時代，我們必須縮短到季度（Quarterly）甚至月度來進行檢視、調整。因此過去的組織合併、拆分、裁撤、增設，編制的增刪，崗位評估的高低，人才規格的定義，都應該隨時因應調整，去應對競爭者，與市場征戰所帶來的機會、危機與衝擊。

顏先生多年投入企業經營顧問角色，洞見諸多企業發展積弊與機會，堪稱兩岸個體經營與經理人輔導的先行者。欣聞再逢大作，我以多年積累的人力資源管理經驗得出，雖處遽變時代，但變化仍有一定的軌跡，是漸進的、循序的。若積累足夠大的變化才去因應則容易失掉先機。最後以高潛人員四力來呼應顏先生新作內容：求知欲、洞察力、感召力與意志力。企業創始人、領導層、經營層能否順利搭上甚至引領變革時期列車關鍵在此。

您，「5G」了沒？

保德信國際人壽保險（股）公司首席壽險顧問／
MDRA 大中華區主席｜**陳玉婷**

　　「這是一個最好的時代，這是一個最懷的時代；這是一個智慧的年代，這是一個愚蠢的年代；這是一個光明的季節，這是一個黑暗的季節；這是希望之春，這是失望之冬；人們面前應有盡有，人們面前一無所有；人們正踏上天堂之路，人們正走向地獄之門」。這一段出自狄更斯雙城記中的經典語錄，直接反應了當今時下狀況最佳的詮釋！

　　目前是資訊爆炸、飛速轉變、日新月異、稍縱即逝

的世紀，人們必須隨時隨地、無時無刻、戰戰兢兢、如臨深淵、如履薄冰、才能達到自己設定的目標並且實現自己的夢想！然而在實際的努力付出追求未來的過程中，十之八九是不順人意的，感謝有顏老師（智慧老人）的真知灼見、有系統化無私的分享，才讓很多的有志之士在追求成功的道路上，有法效尤、有跡可尋、築夢踏實。

　　本書的十六章節中，簡明扼要、深入淺出、鑒古知今：「從 5G 時代、N2Y 的硬功夫、3C 變化帶來的挑戰、職場 6 字箴言、翻轉職場贏家、生命管家、學習讀書、接受訓練、新經理人的 KSF、知識變現、教練基本功、世代交替、秒傳商場智慧、瞬時競爭優勢、守破斷捨離、到基業長青」；每個章節內容都非常符合貼切時下的狀況、順應當下潮流。真的很榮幸能拜讀如此受用的書籍，更欣喜有此機會為此書寫序，當然最重要的是讀者們的好福氣啊！

　　玉婷以一個壽險行銷業務的角度，在閱讀此書之後，

有感而發：「您，5G 了嗎？」：

① Get——要怎麼收穫，先怎麼栽？必須清楚明白如
　何得到最正確、充分、有用的資訊方法，才能事
　半功倍！

② Goal——具體的目標、明確計劃、運籌帷幄、目
　標視覺化、系統化、組織化、加上高效行動，增
　進達標的可行性。

③ Good——希望由 Good 到 Great，非得有過人之處
　不可；能更上層樓，唯一的差異化在團隊運作、
　協同賦能的功效；誰能整合資源並且擁有人脈平
　台，成功的可能性相對大大提昇。

④ Global——國際觀、執行力、優勢定位、利基市
　場，他山之石，可以攻錯！立足台灣、放眼國際，
　做出差異化、打造品牌，讓我們的優勢無人可以
　取代！

⑤ Give——己立立人，己達達人，凡事以利他為導
　向，值得信賴、顧客導向、互敬互重、誠信致勝，

在別人的需要上，看見自己的責任！虛懷若谷、設身處地為他人著想，提撥一些金錢、時間、能力助人，有捨才有得啊！再次問問自己：「我，『5G』了嗎？」。

瞬時競爭力

企業和個人
都需要「數位轉型」

中華人力資源管理協會理事／
「讀領風潮」讀書會創辦人│**鄭俊卿**

　　企業的「數位轉型」在各項科技加速器的助力下，勢必會加速進行，而個人要想在職場保有競爭力，就必須即時強化自己學習力的成長思維（Growth Mindset）、數位化（Digital）與敏捷（Agile）能力，而最便捷有效的自我學習就是從閱讀開始。很多企業更是藉由讀書會來推動變革、學習與成長，微軟 CEO 薩帝亞‧納德拉在內部推動《心態致勝》的成長型思維，並將自己帶領微軟成功轉型的過程寫成《刷新未來》一書，這本書也成為華碩施崇棠董事長推動 AIoT 轉型時的重要參考，熱愛閱讀的施

崇棠董事長更把《OKR 做最重要的事》當成華碩轉型的最後一塊拼圖。宏碁集團創辦人施振榮先生，融合東西方管理，淬鍊其 40 餘年經營管理智慧，將王道思維的「創造價值、利益平衡、永續經營」無私分享撰寫成《新時代·心王道》以及《王道創值兵法》系列叢書，並運用王道領導學完成宏碁跨世紀新變革。

個人的「數位轉型」除了閱讀、參與讀書會，混成式學習的教育訓練也可以快速而有效。講師擔任引導者的角色 (facilitator)，可以運用多元教學方式如：「課堂講授」、「小組討論」、「影片教學」、「競賽活動」、「腦力激盪」與「心得報告」……等方法。或是運用「體驗式學習法」透過各種實務活動設計成仿真情境，讓學員去親身經歷，好像是在「管理實驗室」做實驗，允許犯錯，從「做中學、錯中悟」；而個人配備一隻 5G 的智慧手機可以強迫自己進行數位轉型。

本書從新科技 5G 時代的興起，建議我們如何調整心

態，活學活用，謹記「能跨、敢變、夠快」，翻轉成職場贏家，但須掌握角色轉換的竅門，學習最快速的讀書法，接受最有效的訓練，以蛻變爲新經理人，讓個人知識得以變現，學會教練的基本功，以帶領新世代人，快速秒傳商場智慧，建立瞬間競爭優勢，將自己昇華爲人生管理師，鍛造出基業長青的幸福企業。

筆者在企業內部以及企業外部長年推動讀書會，並講授「如何引導與推動讀書會」，幫助有興趣的夥伴建立並推動讀書會，近年並創立與經營「讀領風潮」讀書會知識社群。即便如此，遇見顏顧問如此熱愛學習、大量閱讀的前輩，令人感佩其「讀萬卷書，行萬里路」的職志。顏顧問對學習的熱忱、堅持與毅力，讓人眞正體會到什麼是「終身學習、樂於分享」。就讓顏顧問的新作，引領我們一起邁向與時俱進，不斷精進的終身學習之路吧！

瞬間傳輸
一甲子功力

　　資通信業的技術已進展到第五代（5G），具有高頻寬、低延遲和廣連結三大特性；圍繞著 5G 所發展出來的技術和產業有人工智慧（AI）、物聯網（IoT）、大數據（Big Data）、雲端（Cloud）運算、端末機（Devices）、邊緣（Edge）運算、金融科技（FinTech）、遊戲電競（Gamification）和健康管理（Health）等八大行業。專家說：「4G 是十倍速時代、5G 是百倍速時代、6G 是千倍速時代」；因此，5G 可說是處在「加零競速的時代」；外在環境瞬息萬變，職場人士凡事須持 N2Y 轉正的心態、

具新 3C 的觀念、用 6 字箴言的心法才能翻轉成「職場贏家」、透過 R&T 蛻變為「新經理人」，須能建立瞬時競爭優勢，才可鍛造一家基業長青的「幸福企業」！

「N2Y 轉正的心態」（由負轉正，From No to Yes，簡稱 N2Y）；要做到三件事：（1）把經常說 NO 的本位主義轉為只說 YES；（2）把得過且過的心態變成當責；（3）除掉三不（不想變、不想衝、不想動）的保守作風外再加上創新。凡事正向（Positive everything）可造就「樂在工作，活在當下」和三證俱全（學歷、經歷、專業證照）的上班族，在「權責相符，賞罰分明」的環境中工作。

「新 3C 的觀念」是指「把變化（Changes）帶來的挑戰（Challenges）視同機會（Chances）」；職場人士須向《冰山正在溶化》的企鵝學「商場敏感度」，向《誰動了我的奶酪》的小老鼠學「危機急迫感」，把葛洛夫的速度感「從十倍加快到百倍」，不要忘了麥奎斯教授警惕的「瞬時競爭策略」，佛里曼也提醒過大家「世界是平的，也是快的」。

「6 字箴言的心法」是指「能跨敢變夠快」：（1）

能跨——只有一項專業是不夠的，以前要練十八般武藝，現在講究跨領域，多功能，以「斜槓」、「平行」為尚，可向變形金剛學習；（2）敢變——以不變應萬變行不通了，要以萬變應萬變，不變也要求變，可向變色龍學習；（3）夠快——5G 是百倍速時代，速度是勝敗關鍵，可向變形蟲學習。要能建立瞬時競爭優勢，才能翻轉成職場贏家（Winner）！

台灣平均每人每年僅讀兩本書，德國則平均每人每周讀一本書，令人佩服！比爾 蓋茲一年約讀 50 本書，值得學習；「一周一書的讀書會」（Reading）可達成「培養閱讀習慣、吸收新知和激發創意」。「3 天菁英培訓計畫」（Training）可讓學員改頭換面、脫胎換骨、心態調整、角色認知；透過 R&T，蛻變為一個「會做事也會做人、會管理也會領導、會溝通也會激勵」的新經理人（New Manager）。

很多企業家都有一個誤解：「核心競爭力一旦擁有就是永久的，就可以無憂無慮地躺著幹了！」這年頭已沒有什麼永恆的事？所有的競爭對手都無所不用其極地想

方設法要幹掉市場領導者，任何企業處在加零競速的 5G 時代，必須要能敏感偵知：「市場變了嗎？有沒有危機？核心競爭力還管用嗎？誰是智慧老人？哪裡去找解決方案？」趕快建立瞬時競爭優勢，找到有用知識組成商業模式，不斷修正直到成功！先立於不敗之地，再求勝出，才有機會成為基業長青的幸福企業！

每一部武俠小說或電影都會有這樣一個場景：武功高強的翩翩美少年，有一天，他會掉落深淵裡，被一個白髮皤皤的老頭救起，雙手按在他頭頂上，打通任督二脈並瞬間傳輸一甲子功力，且勤練降龍十八掌，重出江湖成為天下無敵。職場主管的管理能力和領導魅力等同任督二脈，而十二項自我修練和做對六件事剛好是降龍十八掌；假如學習像練武功，被「醍醐灌頂」的人，花三天就可瞬間吸收智慧老人六十年的職場經驗。

若想自我「建立瞬時競爭優勢」，請完成下列六個步驟：（1）先轉正心態：「N2Y 由負轉正」；（2）填妥「新 3C 觀念的九宮格」；（3）記住 6 字箴言：「能跨敢變夠快」；（4）打通任督二脈：管理能力和領導魅力；

（5）勤練降龍十八掌：做對六件事和十二項自我修練；

（6）秒傳商場智慧，傳輸「一甲子功力」。

如何建立瞬時競爭力

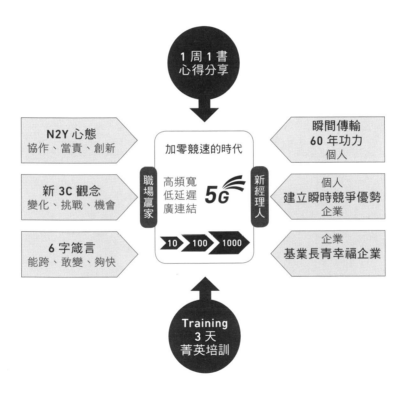

目錄

參考圖表與案例

圖

表

案例

CHAPTER 1
面對「加零競速」的
5G 時代

　　小學課本有放羊的孩子喊：「狼來了！」的故事，
世界各國的資通信業也早在幾年前就爭先搶著喊：「5G
來了！」最後大家總算達成共識：「2019 年是 5G 元年，
2020 年 5G 進入全球商轉大躍進！」行政院於 2019 年核
定「台灣 5G 行動計畫」，總統也宣布 2020 年進入 5G 時
代；未來一切都將智慧化（SMART everything）。川普說：
「5G 是美國必須贏得勝利的競賽。」國際公認：「誰能
擁有 5G，誰就是世界霸主。」如果說 4G 是「十倍速時
代」，5G 是「百倍速時代」，那麼 6G 就是「千倍速時

代」；這是個「加零競速」的時代，職場人士面對 5G，「N2Y 心態」（From NO to YES，簡稱 N2Y）、「新 3C 觀念」（Changes、Challenges、Chances）和「6 字箴言」（能跨敢變夠快）是求生之道，而「建立瞬間競爭優勢」是當務之急。

〉〉〉 5G 的生態和功能

5G 被產業界視為工業 4.0，具有「高頻寬、低延遲、廣連結」三大特性，連接數億個設備形成「萬物互聯」，供消費者、企業和政府使用。最值得注意的是八大行業（AIoT、Big data、Clouding、Devices、Edge Computing、FinTech、Gamification & Health）及十個最具潛力的應用場域（VR、AR、車聯網、智慧製造、物聯網、個人 AI 助理、智慧城市、智慧家庭、智慧路燈、智慧電表），構成「跨界混合、異業結盟」的大生態。

圖 1-1　5G 的三大特點

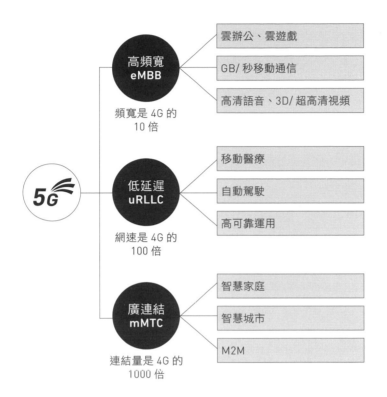

5G 會讓未來生活更科技、更創新、更便利，將從生活、商業和產業等方面來創造更有感的智慧世界並產生三大功能：（1）「生活變革」——3 秒鐘就能下載一部 2 小時的 HD 高解析電影、達文西手術下刀精準可少流 80%

的血、很多宅男都幻想要有一具比林志玲還美的高 EQ 機器人……等；（2）「創業紅利」──5G 帶來「新金融 × 新科技 × 新商務」，賦予每個人創造新價值的機會，任何個人和組織都有創業的機會並享受商業創新紅利，造成新微企業如雨後春筍般在各地紛紛探出頭來；（3）「數位轉型」──5G 緊密結合 AI、Big Data、Cloud、Devices……等技術，讓人事物相互聯網，使電信、金融、娛樂，教育、零售、運輸、製造、醫療……等各行各業，進行產業數位轉型，引爆龐大企業垂直運用，估計全球約有 2,510 億美元的商機。

〉〉〉5G 的三大活用方式

5G 將帶來一場翻天覆地的數位革命：「數位匯流」讓資通信業又多了影視業和娛樂業的綜合服務業；10 歲男童吳比獲 2019 年寶可夢世界錦標賽兒童組冠軍，成為新台灣之光；「數位金融」讓銀行不再而金融常在；在數

位革命下，大數據會變巧生活且讓人長命百歲：

（1）「數位革命」──影視業進行新五四（5G＋4K）運動，直播風行（只要敢秀，人人都是自媒體），網紅當道（爭搶 8,000 億元的商機），遊戲升級（桌遊、手遊、電競等琳瑯滿目）；行動支付造成無現金社會，純網銀完成普惠金融，連信用小白也可借到錢。

（2）「大數據」──5G 的大數據會「指數成長」為海量甚至是無限量，經過雲端、邊緣或量子運算出人工智慧（AI），任何事情只要加上人工智慧（+AI）就會變聰明，關鍵在想像力；沒有想像力就不會運用大數據。

（3）「巧生活」──人人都想過智慧生活，智慧音箱或萬能小秘將成為智慧生活八大需要（食衣住行育樂＋醫養）的妙管家兼好幫手；智慧醫療（病後復建）和精準健康（病前預防）可讓人活到 150 歲，「呷百二」不再是天方夜譚。

〉〉〉 5G 的未來已來

　　職場人士千萬不要贏了所有的競爭對手，卻輸了整個 5G 時代！5G 的未來已來，請擁有未來，不要被未來所控制，任何職場人士都不能置之度外；面對「加零競速」的 5G 時代，要如何建立瞬時競爭優勢？請三思。

　　即使已屆被退休的 65 歲，若受到克林・伊斯威特和席維斯・史特龍的精神鼓舞，仍可以擁有一個比馬丁路德・金恩更偉大的夢想：將多年的職場經驗用最有效率的方式，瞬間傳輸給下一代。因此，現在就要奉行彼得・杜拉克提倡的終身學習，抱著「學到老才能活到老」的認知，才能立於不敗之地並確保創造一個百年以上的幸福企業。

CHAPTER 2
調整 N2Y 心態

認知心理學的領域中，「正面思考」和「負面思考」同等重要，沒有執優執劣的問題；但長久以來，大家幾乎清一色都是一面倒地在強調「正面思考」，致使「負面思考」成為眾矢之的，甚至一切都錯在「負面思考」，人人避之唯恐不及。其實，畏縮和煩惱不是壞事，那是解決問題的重要過程；「負面思考」的優點是能夠直視現實，深入研究之後，發現蘊藏著很大的力量。因此，與其勉強自己不要負面，倒不如讓負面思考成為強項，徹底發揮負面思考的正向力量；甚至能學會「由負轉正」（from NO to YES，簡稱 N2Y）的硬功夫，發揮正向的威力。

>>> 負面思考不一定壞

最上悠是日本的一個精神科醫生，曾發出「正面思考真的萬能嗎？」的大哉問，發現人生有時正面，有時負面；鼓勵大家發揮《負面思考的力量》：他認為（1）「正面思考並非萬能」——正面思考的人甚至相信「積極向上就能治癒癌症」，但自稱想法積極的人，意外地都缺乏包容，對別人並不友善，沒有多數世人所禮讚的那麼萬能。（2）「過度正負都苦自己」——過度的正面思考會限制人生的選項，讓人生充滿苦味；而過度負面思考，只能以負面看待一切，會變得只說不做。因此，不管正負，都是過猶不及。（3）「正面思考的後遺症」——凡事正面的人無法傾聽別人的意見，總是以自己為中心，缺乏同理心，實在令人困擾；越正面的人身心越容易生病，產生自律神經失調的症狀致心理失衡。

「負面思考」是每個人的自然情緒宣洩，為過了頭的正面思考，扮演相當重要的踩剎車的角色，能更正確地直視現實。負面可深化人際關係，拿捏正負力道去練習切換的技巧，就像練習開車，必須會自己判斷何時加速？何時減速？才能成為一個安全、快樂的司機。在攀爬職涯天梯的過程中，有些幸運兒扶搖直上，一飛沖天；有些苦命的阿信卻嚐盡挫折和失敗，命運大不同。面臨困境，有人一蹶不振，有人愈挫愈勇；獵人頭公司有興趣挖角的對象是那些能夠十戰九敗還能東山再起的人。

　　不當的正面思考就是逃避現實，不容易聽進別人的意見，甚至只看表面從不深思，因而庸庸碌碌過一生。在工作或生活上，若能養成懷疑、找碴的習慣，從負面的角度切入，嚴格看待每一件事情，並加以細分，就能夠看到現實的缺點加以改進，反而可另創一番局面。在一片人人喊正面思考的當今社會，何不試試「負面思考的正向威力」！比爾・蓋茲和史蒂夫・賈伯斯兩大天才都曾經歷消沉的空白時期，進而找到自己面對世界的方式。

〉〉〉 肯定正面的威力

2018 年 5 月，IKEA 進行了一項社會實驗，證明植物也需要讚美與鼓勵。在實驗中，IKEA 找來一群學生分別錄製讚美與咒罵的聲音，在接下來的 30 天裡，讓兩株植物在一樣的成長環境中，一株植物每天聽讚美的聲音，另一株則每天聽咒罵的聲音。結果，聽讚美的植物維持健康，而聽咒罵的植物則已枯萎。言語的力量在這個社會實驗中重新被關注，令人震撼的是，言語所展現出的正向力量還能讓重達萬磅的殺人鯨，開心地跳出水面十呎高。Well Done ！正向肯定的力量眞的可以讓 Whale Done。

肯・布蘭佳在一次的休假中，到了聖地牙哥的海洋世界觀賞了殺人鯨表演，爲此震撼不已，對如何訓練殺人鯨進行表演且還能如此歡愉感到十分好奇，在與訓練師請教箇中祕訣後得到許多啓發，原來殺人鯨是這樣訓練的：（1）「建立信任」——殺人鯨是海洋中最可怕的肉食者，因此要讓這地球上最大的生物能做出高難度的跳躍動作，

關鍵就在信任的建立；（2）「強調正面」——當殺人鯨做訓練師所要求的事情，訓練師就會把注意力擺在他們身上，讚美他們，激勵他們持續有好的表現及無限潛能。（3）「容錯轉正」——將注意力從做錯的事情移開，並不是要忽略那些過錯，而是要讓更多的專注力在正確的事情上；記住一個觀念：「你越注意一項行為，它越會重複出現。」所以，你選擇關注正確的事還是錯誤的事？

組織中常有所謂的「海鷗型經理人」或是「錯誤糾舉者（GOTcha）」，總是等著別人出錯，然後藉著指出別人的錯誤來耍聰明。而這對組織成員的表現不僅沒有任何幫助，還會撕裂彼此的信任。因此肯·布蘭佳以「ABC 表現管理法」來說明該如何用正向的讚賞，來持續維持成員的高動機與績效；即（1）「催化劑（Activator）」——在訓練殺人鯨的案例中，訓練師的揮手、拍水或吹哨子都是催化劑；而在組織中最普遍的催化劑就是「目標」，藉由設定清楚的目標激發出所要的表現。（2）「行為（Behavior）」——以殺人鯨而言，可能

是跳躍出水面或是載訓練師繞圈圈。而在職場上的行為，就是傑出的執行力，或是有效的團體協作。（3）「結果（Consequence）」──一般會有四種結果：毫無反應、否定式回應、轉移方向、肯定式回應。前面兩點對組織都

表 2-1　負面能量 vs. 正向能量一覽表

類別	負面能量	正向能量	備註
應變	害怕改變	歡迎機會	改變就是機會
讚美	沒必要稱讚他人	看到並稱讚他人	抓住現行範
交往	說話講自己	了解他人的心情	同理心
自我	世界圍著他打轉	出手扶人一把	為善最樂
當責	將錯誤怪罪他人	為自己的失敗負責	擔當
謙虛	知錯也不道歉	造成不便先道歉	Sorry 掛嘴邊
計較	個人利益	不傷害他人的感受	利己不損人
氣度	討厭被批評	建設性的討論	頗有見地
心胸	想看他人失敗	希望他人成功	有福同享
求知	認為自己什麼都懂	想學習新事物	終身學習
企圖	遇事退縮說不行	遇事想改變活更好	精益求精
因果	下地獄	上天堂	圓滿結局
實例	青蛙只會坐井觀天	癩哈蟆敢想吃天鵝肉	關鍵不在美醜

資料整理：顏長川

會產生負面的影響，後面兩點則是才能讓團隊建立信任並往前走的關鍵產生肯定正面的威力。

〉〉〉 調整 N2Y 的硬功夫

職場上講究的是待人處世的心態（mindset & attitude），指的是心思和態度，也就是一個人的思想傾向、思維方式、觀念模式……等。大家都有這樣的共識：「以積極的心態面對所有的挑戰，可提高主管的領導力和激活部屬的上進心」；「心思」是認同公司的「願景和使命」的內心世界，「態度」則是奉行「價值觀」的外在行為；都是需要經過打造和淬鍊才能可長可久。若態度有所偏差，則專業知識愈高，工作技巧愈強，反而績效愈差，危害組織愈大；公司的每位員工都應謹慎面對績效公式 $P = (K + S)^a$。

在職場上打滾夠久、歷練夠深的人，通常會「信任

自己、接受現況、放下種種、保持耐心和初心、不做任何判斷、無爲不強求」，幾乎已達「不忮不求」的完人境界。其實就是稜角都磨圓了！誠如聖嚴法師所說：「能有，很好；沒有，也沒關係」；他認爲若自己想不開，就把心胸打開，借別人的智慧和經驗，多讀、多聽、多想。資深的職場人士，早已練就下列幾個調整 N2Y 的硬功夫。

表 2-2　調整 N2Y 的硬功夫

技巧	說明	備註
轉個念頭	1 秒中閃過 216,000 個生死念頭	放下屠刀，立地成佛
換個角度	360 個角度，每個角度的看法都不同	馬雲要部屬倒立看世界
給個說法	給個響叮噹的名號，再苦也幹！	送貨員 → 物流代表
切換一下	情緒的控制猶如電器的開關（On & Off）	變臉、破涕為笑
逆轉勝	不到最後關頭，絕不輕言放棄	棒球（九局下，二好三壞兩出局）
精神勝利法	自我安慰或自我感覺良好	魯迅的阿 Q

資料整理：顏長川

〉〉〉 一念之間，判若兩人

　　所有「調整 N2Y 的硬功夫」中，以「轉念」最簡單，「閉著眼睛、咬著牙根、頭一縮、腿一伸」就過去了；所謂的「觀念轉個彎，世界無限寬；情緒轉個彎，快樂無限廣」；證嚴法師勸大家不要生氣，她說：「生氣就是拿別人的錯誤來懲罰自己！」一個被批評為「頑固不靈、一成不變」的創業家回嗆：「一成不變，九成變。」鴻海集團董事長郭台銘說：「不要為明天憂慮，因為明天自有明天的憂慮；一天的難處一天當就夠了。」頗有《飄》中費雯麗的瀟灑。他當初買下日本公司 SHARP，送一頂繡有紅色 Logo 的夏普帽子給戴正吳，要戴正吳飛往日本接社長，則頗有「風蕭蕭兮易水寒」的味道，戴正吳只好半夜吹著：《*One way ticket*》的口哨來「激勵自己」了。

CHAPTER 3
活用新 3C 觀念

　　台灣的消費者過去對「3C」的認識始於「大同3C」廣場或「燦坤3C」廣場，一般指的是對電腦（Computer，及其周邊）、通訊（Communications，多半是手機）和消費電子（Consumer-Electronics）三種家用電器產品的代稱；現在號稱的「新3C」有別於「舊3C」，指的是「將變化（Changes）帶來的挑戰（Challenges）視同機會（Chances）」；也就是瞬息萬變的時代勢必帶來無窮盡的挑戰，稍一不慎即將跌入萬丈深淵；若能超前部署，預作心理準備，甚至抱著「吃苦就是吃補」的態度，把各種

挑戰當作千載難逢的機會，就能乘機而起，一飛沖天！

〉〉〉 不變也要求變

　　古希臘德爾菲神廟的壁上刻有「know yourself &gt」，這也是蘇格拉底的口頭禪：「know yourself」（認識自己），他常這樣提問：「你眞的了解自己嗎？」認爲這是人一生中最重要的課題，其實就是「自知之明」的意思。職場人士必須先有「自知之明」，才能去實踐李開復的《做最好的自己》《Be Yourself》。知道什麼是最好的自己之後，才知道如何再去「改變自己」（Change Yourself）？因此，認識自己，做你自己，改變自己就是「人生三部曲」。很多職場人士想盡辦法一心一意要去改變部屬、改變主管、改變公司、改變顧客、改變親戚、改變朋友、甚至想要改變全世界，但就是沒想到要改變自己，爲什麼？因爲世界最難改變的是自己；所謂「江山易改，本性難移」。

在千變萬化的年代，唯一不變的真理就是「變」；一般人面對改變有三種心態：（1）以不變應萬變，總認為萬變不離其宗；（2）以萬變應萬變，也就是隨機應變的意思；（3）不變也要求變，主動積極破壞性創新；不變有危險，萬變有風險，求變可避險。對內外在環境敏感的變革者需先有「急迫感」開動，然後猛踩油門一再「加速」，最後達到「超速」變革的境界。據專家統計：70%以上的公司進行大規模的一次性變革都失敗，而一開始就能變革成功的公司低於 5%，其中最主要的差別在於敏感度、急迫感和速度差。

任何一家企業必須很嚴肅地自問下列這些問題並做一份完整的評估：（1）相關外在變化的強弱？（2）內部變革需求的強弱？（3）需要改變企業文化嗎？（4）有近期強化科層系統的經驗嗎？（5）已經執行的變革策略為何？（6）評估眼前風險的高低？如果這些問題的答案都已心知肚明，那麼「請趕快進行變革，愈快愈好」！

>>> 挑戰不可能任務

　　「挑戰」一般是屬於戰爭，運動或各種競賽……等的用語，即「首開釁端，激使敵方出戰或鼓動對方與自己競賽」的意思。若是運用在職場上，則是指一項艱鉅，甚至是不可能的任務；即使耗很多的能力或資源，也不見得能達成。要先有在年底交出「極大化績效」的抱負，才敢於年初承諾「挑戰性目標」。若套用最新的用詞則是「灰犀牛」或「黑天鵝」；灰犀牛是顯而易見卻視而不見，災難即將臨頭；黑天鵝是從未見過卻存在已久、一旦出現，猶如世界末日。兩者都是一種極嚴酷的挑戰。

　　世界上沒有偉大的人，只有普通人迎接的巨大挑戰，挑戰讓生命充滿樂趣，克服挑戰讓生命充滿意義；整個生命就是一場冒險，走得最遠的人，常是願意去做，並願意去冒險的人；所謂活著的人，就是不斷挑戰的人，不斷攀登命運峻峰的人。李敖往生前，曾有人跟他挑戰，大聲跟他嗆聲：「你放馬過來！」他悶不吭聲，揚長而去，

然後「放馬後炮」打倒對方！

21 世紀是一個複雜而不可預知的世紀，那些照目前來看已經固定的思維習慣和價值觀正接受新的挑戰，一個人若無超越環境之想，就做不出什麼大事，要成功，必須接受遇到的所有挑戰，不能只接受喜歡的那些。馬雲曾感慨地說：「在經營企業上，面臨最大的挑戰在於用人，而用人最大的突破在於信任人。」大家公認：「最具挑戰性的挑戰莫過於提升自我」；難怪德蕾莎修女會這樣鼓勵大家：「生活是一種挑戰，迎接它吧！」德蕾莎修女的生活，對一般人而言，簡直是「不可能的任務」。

〉〉〉 踏破鐵鞋找機會

機會是指關鍵性的時機，在職場上作決策進行選擇時，最常用到的概念是「機會成本」，為了做某件事，而犧牲了其他的事情，被犧牲的事情就是機會成本；一般

企業在設定目標時，會運用 SWOT（優勢、弱勢、機會、威脅）分析法，考慮外在環境的機會和威脅及內在組織的優勢、弱勢；在投資時，則會依據事件發生可能性、風險發生之嚴重性及事件發生之效益項目進行評估風險及機會。

大多數人的毛病是，當機會衝奔而來時，兀自閉著眼睛，很少人能夠去追尋自己的機會，甚至在絆倒時，還不能見著它。機會不會自己找上門來，更不會敲第二次門，只有人去找機會；從容不迫地談理論是一件事，把思想付諸實行，尤其在需要當機立斷的時候，又是另一件事。古人早就警告我們：「花開堪折直須折，莫待無花空折枝」！

人生勝利組的祕訣就是當好機會來臨時，立刻抓住它。只有弱者坐失良機，強者會製造時機；沒有時機，通常只是弱者的藉口。只有愚者才等待機會，而智者會造就機會；樂觀主義者從每一個挑戰中看到機會，而悲觀主

表 3-1　新 3C 觀念的九宮格——資通信業

	變化 （CHANGES）	挑戰 （CHALLENGES）	機會 （CHANCES）
產業	5G 時代來臨 數位匯流 數位經濟／創新產業	5G　ABCD 多螢需求＋行動支付 工業 4.0（智慧化）	5G＋8K （MOD＋OTT）/Himi wallet 智慧生活＋智慧城市
組織	架構的改變 數據庫之需求 物聯網之運用	科層系統（功能、專業） 知識庫之運用 三創事業	網路系統（顧客、產品） CSR/CIS/KYC/VOD 新創子公司
個人	心態調整角色認知 專業之需求 人才庫之建置	官僚、管控、本位 電信＋電腦＋媒體 AI 機器人	公僕、服務、整體 跨業（多能） HP＋HP

義都從每一個機會中看到挑戰。機會不會從天上掉下來，當你有「得來全不費工夫？」的疑惑時，其實你已經把鐵鞋踏破了！

〉〉〉 把變化帶來的挑戰視同機會

各行各業都有各自的求生本領，但面對大環境的千

變萬化，考驗都是一樣的；有人把它視爲千辛萬苦的挑戰，另有人把它當作千載難逢的機會，就在一念之間。藉著「九宮格」去活用新3C觀念，橫軸爲變化（Changes）、挑戰（Challenges）和機會（Chances），而縱軸則爲產業（Industry）、組織（Organization）和個人（Individual），兩者構成九宮格。集合產業專家及全體員工的眾人之智，在每一空格裡面塡上三個重中之重（觀念、想法和做法），能用27個重點將九宮格塡滿，且年年動態調整，然後按圖索驥、照表操課，就會有一群職場贏家去創造一家基業長青的幸福企業。

★案例 3-1：大谷翔平的九宮格

　　美聯（AL）新人王於 2001 年選出「鈴木一朗」，2018
年則選出洛杉磯天使隊「大谷翔平」係 17 年來首位日籍球員；
在打擊方面，他初登場就連三場轟出全壘打；在投球方面，前
兩場就三振 18 名打者，拿下勝投（惡魔指叉球）；第 3 場擔
任先發（6.1 局，完全比賽＋無安打必賽），球速 165km。這
種紀錄有很多職棒選手窮畢生之力也不可得，堪稱「現今棒
壇唯一投球與打擊兼備的棒球員」；是一個「固定先發＋常
態打擊」的標準二刀流，獲得「怪物、外星人、二刀流少年、
貝比魯斯二世⋯⋯」等稱號；野村克也：「他是前所未見的
球員」，王貞治：「他不可能兼顧投球與打擊」？

　　大谷翔平係 1994 年 7 月 5 日出生，從小在父親的調教下
掌握了投打的要領：「投」（手指頭確實握在球的縫線上），
「打」（掌握球棒中心左右開弓）；23 歲長到 193 公分，成
為職棒怪物（二刀流），運用「曼陀羅思考法」成為既有潛
力又有即戰力的大人物；學習「草履蟲的試誤精神」撞上牆
就更加努力去嘗試，把不可能變成可能！寧願減薪 78% 去挑
戰大聯盟；春訓低迷四天後翻轉局勢，成為「**世界的大谷**」。
聽說大谷翔平青少年時期即有很強的自律能力，按照九宮格
操課，終能成為「天才棒球手」。

CHAPTER 4
謹記 6 字箴言

　　佛教界的「六字真言」又作「六字大明咒」,「唵嘛呢叭咪吽」,源於梵文,象徵一切諸菩薩的慈悲與加持。六字大明咒是「唵啊吽」三字的擴展,其內涵異常豐富、奧妙無窮、至高無上,蘊藏了宇宙中的大能力、大智慧、大慈悲。此咒即是觀世音菩薩的微妙本心,久遠劫前,觀音菩薩自己就是持此咒而修行成佛。我也誠心斗膽在企管界提出「6 字箴言」——「能跨敢變夠快」,與職場人士共勉之,期能在 5G 的百倍速時代,游刃有餘。6 字箴言是「跨變快」三個動詞的擴展,分別加上「能敢夠」

三個副詞的強化，鼓勵大家能跳出框框，有求變的勇氣，還要講究速戰速決。

>>> 能跨，一人可抵三人

當你踏進不同領域、科目或文化的異場域碰撞時，可以把現有的觀念結合起來，形成大量傑出的驚人新構想；這種現象稱爲「梅迪奇效應」（Medici Effect）。簡單地說：「當兩個不相關的東西，變成相關，就是跨界，就是創新」。跨（Crossover）字會發揮 1 ＋ 1 ＞ 2 的綜效，扮演舉足輕重的角色，有跨領域、跨物種、跨界限、跨產業、跨國企業、跨境電商、跨……等琳瑯滿目；較新的說法是互聯網＋、AI＋，可說已進入到「三無」（無界限、無國界、無所不在）的境界。

台灣的各級教育界目前正如火如荼地推廣跨學科的教學方法，如結合科學（Science）、技術（Technology）、

工程（Engineering）、藝術（Art）、數學（Mathematics）的「STEAM」；2010學年度台大EMS招生說明會強調「跨領域學員、跨院系師資、多元創意、整合創新」；2019年諾貝爾獎化學獎由美國固態物理學家古德諾、英國化學家惠延安和日本化學家吉野彰因發展出可充電的鋰電池而共同獲得，可說是跨學科研究（化學＋物理學＋工程學）的最好例子。

近幾年，職場人士紛紛加入「斜槓族」的行列，他們都擅長經營個人品牌、會換個角度看問題、不喜歡每天都做一樣的事或想做出別人沒做過的東西、具有不安於現狀的靈魂與性格；許文章醫師於48歲考上律師加入醫療糾紛委員會，53歲再考上專利師，為跨產業創新中心提供發明專利審查及法律救濟，人稱「許三師」，傳為美談；奧運八金短跑名將波爾特告別田徑場後，仍想轉戰足壇，證明自己也能在足球場上生存！」令人肅然起敬。

〉〉〉 敢變，才能看見未來

　　彼得·杜拉克說：「沒有人能左右改變，唯有走在變化之前」；改變真的很痛，它讓我們放棄原擁有的一切，讓我們不斷地學習，讓我們去理解新的事物；因此，擁抱風險、不斷改變，才能看見未來；關於變化，我們需要的不是觀察而是接觸；當改變發生，最安全的方法，就是擁抱改變。人生常在一念之間就產生很大的變化，若要調整觀念和想法，使心更放寬，請常去下列這五個地方：書店、精品店、農場、醫院、殯儀館。

　　每天都有新事情發生，越來越多事情沒有標準答案，培養適應和改變的態度是一輩子都受用的技能；這世界上有兩難，難在改變別人，難在被別人改變；如果改變不了別人，只好改變自己了，偏偏世界最難改變的是自己！想改變自己，就從閱讀開始吧；唯有瘋狂到自認可以改變世界的人，才能真的改變世界。科技界最夯的商業雜誌 Inc. 於 1981 年推出全球首本以賈伯斯為封面並預

言他將改變世界！詹宏志對改變有非常深刻的體驗：「當你一無所有的時候，改變就是機會；但當你雄霸天下時，改變可使帝國傾頹！」而趨勢大師奈恩比的名言：「天下唯一不變的就是變！」

NOKIA 曾是手機界的霸主，但錯過改變即錯失了企業生存的機會，於今安在？「全家就是你家」的老二便利商店，用扎根 30 年的「敢變」心法，走入後進品牌的翻轉之路，分分秒秒都在想：「如何轉守為攻去挑戰老大？」

引爆新零售浪潮下的創新商機；NTT DoCoMo 的中期經營策略 2020 beyond 宣言竟標榜「求變」（Challenge to Change）；2017 年諾貝爾文學獎得主巴布狄倫的成名曲是「時代正在改變」《The Times They Are A-Changing》；百年老店玉珍齋的第五代經營者竟深知：「老店最核心的部分是永遠不變的，而能變的部分必須變得比誰都快！」

〉〉〉 夠快，可失敗不能輸

　　郭台銘早就認清：「這年頭不是大的打小的，而是快的打慢的。速度快的賺利潤、速度慢的賺庫存」；他很相信速度經濟學（Economy of Speed）：Time to Idea、Time to Product、Time to Market、Time to Volume、Time to Money。大家都公認：「企業存活的不二法門是創新和速度」。台灣清大校友黃敏佑結合高階物理、數學及電路，設計出一套特殊反饋晶片，將訊號自動偵測校準鏈結的速度從 45 毫秒提升至僅需 0.001 毫秒，打破 5G 的世界紀錄，堪稱「台灣之光」！

　　來無影去無蹤、神出鬼沒的「祖魯族」曾以夜間急行軍的戰術打敗英軍；二戰英雄麥克阿瑟也曾感慨地說：「連上帝也不能挽救不能迅速移動的人」；Netflix 創辦人哈斯汀則說：「企業很少因為行動太快而死，大多是行動太慢才死！」現代的年輕創客自有一套「速度感」和「成功學」；他們講求決策一定要夠快，規劃是老掉牙了，

Just Scrum！允許在可控的範圍內失敗，從失敗中快速的學習和驗證想法或假設（Fail fast，fail early），但絕不服輸，「最後成功一定是咱的」。大家都夢想共騎一隻獨角獸！

全球最快的超級電腦若運算 1 萬年，Google 量子電腦只要算 3 分鐘，這樣的「速度差」，實在無法想像？原來，傳統電腦是以 0 和 1 位元（bit）運算，量子電腦則以量子位元（qubit）運算，可將 0 或 1 相互疊加，愈多量子位元，愈能同時處理大量且複雜的資訊。如果說傳統運算呈指數成長，則量子運算呈多項式成長；也就是說，矩陣運算比一般加減乘除快得多！量子電腦橫空一出，再多厲害的超級電腦，即使是目前第一名的超級電腦「巔峰」（Summit），也會頓時被貶爲傳統電腦。台大物理系特聘教授暨台大/IBM 量子電腦中心主任張慶瑞說：「你現在看起來沒有變化，但突然有一天，你會發現你活在另外一個世界」；他估計 10 年後會看到量子電腦有效應用、20 年後會有全面性的影響。在量子電腦時代，你敢不敢

質疑：「這樣夠快嗎？」

>>> 職場人士的 6 字箴言

「變形金剛」遇到緊急狀況時，會隨者任務需要在「金剛」與「戰車」之間互換，堪稱跨界的代表作，哪天你能讓老闆稱讚：「一個人能當三個人用」就對了！「變色龍」會隨著環境變體色，主要是欺騙天敵以逃命或欺騙獵物以保命，敢變是因生死攸關，不是變著玩的；「變形蟲」一發現獵物，馬上伸出偽足，快速進行獵殺！柯 P 罵麻木不仁的學生連一隻變形蟲都不如；辜濂松用「阿米巴」罵被動的員工講一動作一動；稻盛和夫則用「變形蟲哲學」將日航轉虧為盈、起死回生。願所有職場人士碰到諸事不順時，不妨心中默唸這 6 字箴言：「能跨敢變夠快」！

CHAPTER 5
翻轉職場贏家

　　傳統的職場上有兩種這樣的說法：相信「萬般皆下品，唯有讀書高」的人會「十年寒窗無人問，一舉成名天下揚」；而相信「家纏萬貫，不如一技在身」的人則會「花三年四個月拜師學藝，習得一技之長」。看到行政院主計總處發表的統計數字：2016 年 1~2 月，博碩士失業人數創了 2.7 萬人的新高，失業率也升至近 3 年同期最高的 3.1%，不禁嚇出一身冷汗，很多博士候選人（candidate）紛紛放棄學位，提早擠入職場混口飯吃，所有的人都相信：「行行出狀元」，讀書不再是唯一的出路。吳寶春的

麵包師、江振誠的廚師、林義傑的超馬、陳偉殷的MLB投手、林書豪的NBA後衛、戴資穎的羽球、林昀儒的桌球……等是另類台灣之光，而王建民的復活、曾雅妮的重生則頗令人牽腸掛肚！任何技藝都必須「鍛鍊、鍛鍊、再鍛鍊」，而職場贏家則有五字訣──「生熟巧通達」。

〉〉〉一回生，二回熟

職場贏家的五字訣有另一俏皮的版本：「一回生、二回熟、三回巧、四回妙、五回呱呱叫！」也頗能讓人琅琅上口；兩種版本都從「一回生，二回熟」開頭，意思是說：「萬事起頭難」，而「好的開始，是成功的一半！」「再試一下，就功德圓滿了」。

就像胡適在《嘗試歌》裡說的：「嘗試成功自古無，放翁這話未必是，我今為下一轉語，自古成功在嘗試」。胡適鼓勵大家要勇於嘗試，而且要一試再試：「莫想小

試便成功，那有這樣容易事！有時試到千百回，始知前功盡拋棄」；「大膽假設，小心求證」的科學家在實驗室裡不斷的嘗試、嘗試、再嘗試，終於發現了聲光電波，改變了世界。

職場新鮮人就工作能力而言，可說是白紙一張，隨時都可能犯錯，絕不能放手；簡單地說就是「粗心有餘，成事不足」。就工作意願而言，卻有一股不切實際的樂觀，有時幾近於天真或者說是不知天高地厚？

必須把目標說清楚，交辦標準化工作，並經常告知結果且要手把手地直接下指導棋。經過一段期間之後，原有的熱情因挫折而冷卻，嚴重點會事事產生質疑，批評目標過高或不合理，有時會感到憤怒與挫折；要給關心安慰並給機會討論，也就是要雙管齊下，但要先處理心情再處理事情。找出值得認可和讚美之處再加以指導和教練，此時用「一回生，二回熟」來鼓勵再恰當不過了。

>>> 熟能生巧，精益求精

「學然後知不足」，學習是為了運用，而運用後就知道哪裡學得還不夠？會繼續主動的學習，如此循環不已終至「熟能生巧」；而自我要求高的人會精益求精，好還要更好，沒有最好，只有更好。熟練了就能產生巧辦法或找到小竅門，要想掌握任何技術，只有勤學苦練一途，所謂的「台上一分鐘，台下十年功」。

神射手陳堯咨對自己能「百步穿楊，箭無虛發」的功力頗為自豪，在一旁觀賞的賣油翁嗤之以鼻：「這也算不上是什麼特別的技術，只不過是手熟罷了！」他提起一杓油對著瓶口上的孔方兄，滴油不沾、不漏地穿進瓶子裡。大書法家王羲之的兒子王獻之，山寨了老爸的一幅字，想試老媽的眼力；王羲之提筆「點大成太」，叫王獻之拿給老媽看，老媽指著「太」字說：「就只有這一點還像你老爸寫的！」王獻之受到刺激，發憤寫完18缸的水，終成「書法界的二王」。其實，「庖丁解牛」的神技，

說穿了，也不過是熟能生巧罷了，甚至歌手林俊傑都疑惑：「也許愛情就是熟能生巧？」連老外都說：「practice makes perfect」。

在職場上打滾過 2 年以上的人，基本上已具備某種程度的工作能力，度過「一回生、二回熟」的階段之後，碰到過去成功的經驗，卯起來會像拚命三郎；碰到過去失敗的經驗，就需要做球給他或打強心針，很快地幫他把信心建立起來，然後用「熟能生巧，精益求精」來支持就對了。

〉〉〉打通任督，突飛猛進

就中醫診脈的觀點：「以人體正下方雙腿間的會陰穴為起點，從身體正面沿著正中央往上到脣下承漿穴，這條經脈就是任脈；督脈則是由會陰穴（也有人說是長強穴）向後沿著脊椎往上走，到達頭頂再往前穿過兩眼之

間，到達口腔上顎的齦交穴。任脈主血，督脈主氣，爲人體經絡主脈。任督二脈若通，則八脈通；八脈通，則百脈通，進而能改善體質，強筋健骨，促進迴圈。」顯然，「任督二脈」確實存在，但眾說紛紜：有的說可以打通，有的說打不通，還有的說本來就是通的。

就道家養生的說法：「人的壽命極限爲上壽一百二十歲，只要以導引內丹的訓練，從逆的方向上奪天地之造化，凝練精、氣、神，提高生命品質，就可挑戰年壽極限，延長生命」。所謂「通任督」也就是通三關（尾閭、夾脊、玉枕）、行「周天」運轉之意。

金庸的武俠小說可說是全球華人的共通語言，他在《倚天屠龍記》中，描述張無忌因修煉了九陽神功，打通了任督二脈，可以比任何人用較短的時間，修練成更多的絕世武學。在武俠小說中，可藉由武功高強之人打通自身的任督二脈，武功會突飛猛進，甚至成爲天下無敵。如果職場人士的任督二脈是指工作能力和工作意願的話，

那麼用「授權」可以打通職場人士的任督二脈，一個能力強意願高的員工，會把職業當事業，願做額外工作，會站在主管角度看問題，為全公司的利益著想，有主人翁心態，能主動積極創造出高績效來，可以說是主管心目中的金童玉女。

〉〉〉 一萬小時，磨成達人

葛拉威爾（Malcolm Gladwell）寫了《引爆趨勢》、《決斷兩秒間》、《異數》等三本暢銷書，他堅信創意得花大量的時間來培養、練習；他擅長引用數據，從表面的現象，切入分析背後的社會人文意涵，歸納趨勢，引爆話題。他指出傑出的成功人士為什麼與眾不同？不管哪一種專業，成功的最大前提，都是要有一萬個小時的不斷練習。

普林斯頓大學數學教授安德魯‧懷爾斯（Andrew Wiles）花了差不多一萬個小時，吃足苦頭，才寫出三百

年來都沒人能解的「費瑪最後定理」的證明。現代世界也是這樣，許多原本束手無策的問題，其實只要給人實驗、犯錯的機會，都有可能找出解答。不禁令人發出一聲大哉問：「創造力由何而來？」成功者的才華與創意，當真那麼源源不絕，輕而易舉？一則則成功者的故事印證：即便是創意與創新，也需要大量的磨練，才有出類拔萃的機會。

　　經濟學家蓋倫森把擁有創造力的成功人物，歸納爲：（1）「概念性創新者」（conceptual innovators），這種人擁有大膽、創新的想法，而且很快就能把想法揮灑出來，如畢卡索二十一歲就已經成名。（2）「實驗性創新者」（experimental innovators），這種人藉由不斷的試驗與犯錯，刻苦而緩慢地發揮優點，締造成就，如塞尚成名時，已經五十幾歲了；畢卡索面對一個簡單命題，可以隨性丟出一個簡單俐落的革命性創意；塞尚面對更複雜、微妙而困難的創作挑戰，必須從試驗與犯錯中，找到創新。這兩位都具備一萬小時以上的硬功夫，但擁有軟實力者較

表 5-1　職場達人的五字訣

五字訣	說法	做法	想法	備註
生	一回生	起心動念	萬事起頭難	勇於嘗試
熟	二回熟	有一就有二	一不做、二不休	再試一下
巧	熟能生巧	Practice makes perfect	找到竅門	精益求精
通	通暢	打通任督二脈	突飛猛進	延長生命
達	達人	一萬小時的練習	不斷地磨練	創意、犯錯

資料整理：顏長川

易勝出；如果只是不想輸，也許一萬小時就可磨成達人；如果想贏就要看天賦、苦練和意志力了；一個職場達人的養成，多則10年（4小時／天），少則5年（8小時／天），就看經理（Manager）、教練（Coach）和導師（Mentor）的造化了。

〉〉〉 達人翻轉為贏家

翻轉教室（Flipped classroom），是一種新的教學模

式，2007 年起源於美國，翻轉教室會先由學生在家中看老師或其他人準備的課程內容，到學校時，學生和老師一起完成作業，並且進行問題及討論。由於學生及老師的角色對調，而在家學習，在學校完成作業的方式也和傳統教學不同，因此稱為「翻轉教室」；「翻轉」兩字成為最夯的字眼，為各行各業的人所樂用，猶如用英文 Upside down 才能充分表達出 360 度的大轉變！

職場人士需先蹲馬步，練好達人基本功（生、熟、巧、通、達），經過一萬小時的淬鍊，從凡夫變達人；再熟記贏家五字訣（亡、口、月、貝、凡），五年磨一劍，25 年就可橫跨經營五領域（產、銷、人、發、財），從達人翻轉為贏家。

瞬 時 競 爭 力

CHAPTER 6
掌握職場角色轉換的竅門

　　職場資深人資主管認為一個重要的職位至少要有五個人坐過,才能找到它的 Mr.Right;相對地,一個職場達人可能至少也要輪調過五種工作,才會找到他的安心立命處;在職場上最要講究的是「適才適所」,也就是把對的人放在對的位置上。每次職場的晉升調動,當事人都必須在心態調整、角色轉換和知識技巧提升上,做相當程度的配合;最忌諱的是「都已經是科長了,還在做組長(低一級)的工作?」而最被期待的是「科長要站在處長(高一級)的角度看問題!」如此一來,便可進行無縫交接,

無所謂的空窗期。其中，職場的角色會經過「獨行俠、貴人、智慧老人、生活教練和生命管家」等五次的轉換，需寄予十二萬分的關切。

〉〉〉獨行俠的悲歌

職場中的主管通常會根據部屬的工作能力和意願區分為新進人員、學習進度慢的人、缺乏信心的人和獨當一面的人等四種類型；再運用命令和支持行為組合成多下指導棋、多關心及教導、多支持、多授權等四種方式，分別帶領不同類型的部屬共創最佳績效。

依行業及工作複雜度的不同，經過大約半年至三年的磨合，一般都能達到主管對能獨當一面的部屬做充分授權的境界，主管會經常對部屬說：「你辦事，我放心」。

有人曾以「菜鳥」稱呼新進人員、以「笨鳥」稱呼

學習進度慢的人，以「老鳥」稱呼缺乏信心的人、那麼獨當一面的人就叫做「孤鳥」了；或者也有人以技術的成熟度來區分部屬為生手（一回生）、熟手（二回熟）、巧手（熟能生巧）和高手（大內）。通常，孤鳥或大內高手都能獨立作業，再困難的事交給他們去辦，兩三下就處理完善了，所以又稱為「獨行俠」。

職場中的獨行俠，來無影、去無蹤，獨來獨往，一向不求人，只講究個人貢獻；技術本位，專業掛帥，嘴邊常掛著：「此處不留爺，自有留爺處」；內心常嘀咕：「老闆，你最好離我遠一點，不要管我，我已經夠成熟，可以獨立作業了，有問題我自然會去找你！」在有意無意間把主管拒於千里之外。

除非獨行俠的專業確實獨特到不可或缺外，在凡事都必須群策群力的現在，獨行俠可能孤掌難鳴，最後可能只有悲歌一曲，留下無限的遺憾了，尤其是把形同貴人的頂頭上司棄如敝屣，簡直是愚不可及。

〉〉〉 貴人，你在何方？

在攀爬職涯天梯時，少數的精英分子憑藉的是豐富的產品知識、熟練的業務技巧、再加上積極的正面態度，創造出超標的高績效，才能獲得提拔晉升；但有些人卻故意忽略這些硬功夫，還帶點酸葡萄的心理：「不過是有貴人相挺罷了！」其實貴人之為用，是在生命中的轉捩點或關鍵時刻稍加提點或拉一把；而貴人也不會突然從天而降，就看平時如何去經營人脈了。

一般人建立人脈的第一步，除了同事外，通常會從大學同學找起，往下溯及高中、國中、小學，甚至是幼稚園的同學；其次同鄉會、宗親會、獅子會、讀書會、社團、宗教等的資料也一網打盡。各類關係算起來計有「九同」之多，例如同宗、同鄉、同年、同學、同袍、同事、同業、同好、同修；平時若能好好經營這九層的人際關係，相信貴人就在其中，必要時就可派上用場。聽說龔天行跟蔡明忠是復興小學的同學、吳均龐跟蔡明興是台灣大學的同

學、吳修齊是高清愿的貴人、辜濂松是吳炫三的貴人……
等，可見每個成功人的背後都有這麼一座人脈資料庫。

「頂頭上司」因握有績效考核的生殺大權，可說是
一生中最重要的「貴人」，務必搞好跟他的關係。貴人有
樂於助人的天性，任何人都可以是任何人的貴人，即使在
街上碰上的任何一個陌生人，都不能忽略或錯過。真正成
功的人，對最卑微的人都會畢恭畢敬的，從此以後就不必
再仰天長嘯：「貴人，您在何方？」

表 6-1　職場角色轉換一覽表

角色轉換	目標	重心	風格	技巧	結果
生命管家	生命意義	養生哲學	創造宇宙 繼起的生命	靈修	意義論
生活教練	生活目的	工作與生活	增進人類 全體的生活	樂活	經驗談
智慧老人	智珠在握	知識管理	包打聽	指點迷津	經營智慧
貴人	人際關係	人脈管理	樂於助人	關係至上	分配資源
獨行俠	技術本位	職涯攀爬	不求人	專業掛帥	個人貢獻

資料整理：顏長川

>>> 智慧老人，你在哪裡？

在攀爬職涯天梯時，困難、困頓、困惑在所難免，若知道去尋求「智慧老人」的協助，可少走很多的冤枉路！大家如果都有下列三點共識：（1）年齡不是問題——職場上唯一的生存之道是專業，不是年齡，更不是年資；專業還必須轉化成績效，只有績效才是硬道理；如果職場上出現五年級生向七年級生報告的現象，不要訝異！而百歲人瑞還在唸博士，一點也不奇怪。（2）智慧是寶——資深員工在職場打滾多年，必然累積很多血淋淋的教訓，練就一身百毒不侵的功夫；教訓和功夫經過系統化會變成知識和技巧，資深員工經過系統化會變成智慧老人。（3）虛心求教——有人肯學才有人肯教，有人肯教才有人肯學，教學可以相長；光是學習型組織是不夠的，還要是教導型組織。

職場上一路走來跌跌撞撞，為什麼升官加薪沒份？放無薪假或裁員減薪卻首當其衝！除了交不出令人滿意

的成績單外，在關鍵時刻沒有智慧老人指點迷津，應該也有相當的影響；其實，看智慧老人的角度應該廣一點，任何可以提供意見或幫忙解惑的都可以是智慧老人，如圖書館、Google、維基百科、報章、雜誌、老師、同學、公會、同業、同事等，甚至是警衛、清潔工、小妹；聽他們一席話，可能勝讀十年書；包打聽的智慧老人就在身邊，不要再到處問：「智慧老人，您在哪裡？」了。

〉〉〉 生活教練及生命管家

　　企業主管應該同時也是部屬的生活教練和生命管家才對；強調工作即生活，生活即工作，甚至能顧全大局、願做分外事、並有主人翁心態；此外，還要特別注重身心靈的健康，以求工作、生活和健康的三角平衡，如此才能和部屬打造一隻高績效團隊，永續為企業做出極大化的貢獻。下列的對話頗值得深思：

部屬：「您的智慧從哪裡來？」

主管：「正確的判斷！」

部屬：「正確的判斷從哪裡來？」

主管：「經驗！」

部屬：「經驗從哪裡來？」

主管：「錯誤的判斷！」

　　高處不勝寒的企業高階主管如：福特汽車公司的CEO穆拉利（Alan Mulally）也需要聘請外部專家——馬歇‧葛史密斯（Marshall Goldsmith）作為他的生活教練，俾能在關鍵時刻得到充滿經營智慧和生活經驗的具體可行建議。有些生命管家建議詳讀坎伯的《千面英雄》，可以透過神話學習生命的智慧和意義；李開復在父親李天民過世後，從抽屜中覓得一紙：「老牛自知夕陽短，不必揚鞭自奮蹄」，讀來令人為之動容。

　　在人脈管理上幡然覺悟的獨行俠可在「一夜之間、一念之間」轉換角色成為以「助人為快樂之本」的貴人

和「提供世界級經營智慧」的老人，甚至開始思考生活的目的和生命的意義。很多早期學校禮堂的左右兩邊寫著這麼一副對聯：「生活的目的在增進人類全體之生活；生命的意義在創造宇宙繼起之生命」，如今看起來格外親切。生活教練可以用「樂活」的態度來分享工作與生活的平衡經驗，而生命管家可以用「靈修」的智慧來體現生命的意義。請記住這個竅門：「位置變了或角色換了，也要記得翻轉腦袋！」

CHAPTER 7
學習最快速的讀書法

　　古早有一句順口溜:「一命、二運、三風水、四積陰德、五讀書」;讀書雖被擺在第五順位,但人生成敗盛衰的因素千千萬萬種,能擠進前五,也可見讀書在大家心目中的分量了;換句白話:「閱讀的力量可讓人翻轉脫貧,大量閱讀可讓視野更寬闊」。有人認為讀書是想像力的操場、創意的發電廠,閱讀與想像力讓改變世界成為可能;可惜,現代人只讀臉書,不讀書;現代年輕人則已不太看臉書,只看圖片和短片了。《傲慢與偏見》的電影中有句對白:「沒有什麼比閱讀更讓人享受。」《有錢人是怎麼

想的？》（How Rich People Think?）的作者席博德（Steve Siebold）訪談過 1,200 位富豪，發現他們的共同點就是讀書。

〉〉〉 讀書變有錢，有錢愛讀書

世界首富比爾·蓋茲愛讀書及推書是出了名的，他每半年會空出一周的時間到美國郊外隱居、閉關，定位為「思考周」（Think Week），用修道院式工作法，特別針對公司未來走向及世界科技的新發展，進行沉思與閱讀；日本首富柳井正每年會自己放一個月暑假去從事類似的活動；香港首富李嘉誠說：「在閱讀過程中，我深深感受到知識改變命運。」倒是賈伯斯反以「厭惡閱讀」著稱，但卻以「Stay foolish（大智若愚）、Stay hungry（求知若渴）」勸人？

讀書若無法致富，至少可以翻轉脫貧。巴菲特每天

花 80% 的時間在閱讀和思考上、馬斯克居然靠閱讀學會怎麼建造火箭、大前研一每年也至少讀 50 本書；94 歲再度當選馬來西亞總理（最年長的總理）的馬哈地說：「閱讀是我紓壓的方式之一，且有時兩本書一起讀，軟硬兼施、時時 On & Off……」；讀書不但可變有錢，也可以變有權。

張忠謀也說自己沒有忘記閱讀，每天 6 小時、每月 2 本英文書，還會看國內外的報紙和雜誌，不放過國際間的大小事；《紐約客》（The New Yorker）雜誌已經持續看了 70 多年，從不間斷。他很樂意推薦好書，希望能透過閱讀好書，讓大家都能有更深層的思考並養成閱讀習慣；他更進一步提倡有目標、有計畫、有紀律的終身學習，他認為他的閱讀興趣是來自於母親的引導。何飛鵬為了討生活，一輩子都在看書、讀書、寫書、出書，可說終生與書為伍，他的人生因書逆轉！

〉〉〉 哪一國人最愛讀書？

國民透過閱讀養成思辨能力是國家軟實力，所以閱讀力是國力之一；某家書店左右的一副對聯這樣寫著：「一年四季皆淡季，店員常比客人多」，橫批：「人不進書不出」，道盡目前出版社及書店的窘境。台灣 2,300 萬人，一年出書量約 4 萬本，只有 2,000 本書賣超出 2,000 本，每年出版業務總額約 185 億元；10 年內關了 1,000 家書店；民眾的閱讀行為更令人灰心，2013 年的文化部長龍應台報告：國人平均一年僅閱讀 2 本書，只及日、韓、新的 1/10。

根據 2018 年的最新統計：曾買過書的人有 17.7%，一本書都沒買的人有 65.0%，一本書都沒看的人有 1.0%；沒去過圖書館的人有 60.8%，最近一次碰紙本書是在 7 年前……等，簡直是罄竹難書；印度人直言無諱：「一個不愛讀書的民族是沒有希望的！」並提出下列各國的年平均讀書量佐證：中國人（0.7 本）、台灣人（2.0 本）、

韓國人（7.0 本）、日本人（40,0 本）、俄羅斯人（55.0 本）、以色列人（64.0 本／8 個諾貝爾獎得主）、匈牙利人（人均每年購書 20 本／14 個諾貝爾獎得主），眞令人無言以對。

　　教育部分別於 2001 年、2005 年舉行「全國兒童閱讀計畫」、「焦點 300—國民小學閱讀推動計畫」，期能從兒童時期就開始養成讀書習慣。但教育是百年大計，豈是兩三下就可解決的？教育部復於 2009 年起，仿效國外「閱讀起步走」，準備閱讀禮物帶給 0~5 歲嬰幼兒家庭，希望能掌握學齡前幼童的腦部發展黃金期；更早之前，台灣曾針對嬰幼兒家庭推行「展臂閱讀」的方案，希望從出生到三歲，配合五次預防注射時間，將唸故事書給孩子聽做爲兒童健康照護之醫囑衛教提醒家長，將童書當作「心靈疫苗」處方送給嬰幼兒，眞是無所不用其極。洪蘭教授主張：小學三年級以前，學生要學會如何閱讀（Learn to read）；小學三年級以後，學生要主動閱讀課外讀物（Read to learn）。

〉〉〉 最快速的讀書法

　　任何一本書，只要讀到一個概念對自己有影響，然後運用它，把它用在對的地方就是有效的讀書法；而最好的學習方法就是教會別人；「費曼法」認為：「教是學最好的方式，只有充分了解某種學問，才會懂得把這學問教給別人」；如果睡著時也能學東西（睡眠學習法，Sleep learning），豈不妙哉！冠德科技鄭吉君副總說：「閱讀是一門統計學，通過吸收其他成功的經驗，整合自己的思想，可以分析局勢，預測未來！」比起正確答案更重要的是不斷地思考和深化自己的提問，比知識本身更重要的是盡力消化和運用學到的知識；希望大家可以讀一本 200元的實用性圖書，就能達到參加 10 萬元教育訓練的成果。

　　閱讀本身的行為還在，只是閱讀的方式改變了，閱讀的對象有：書籍、報章雜誌、電子書、網路文章、部落客、電影、影音、直播、線上課程、玩遊戲、追劇、聽廣播、Podcast……等；40 年前就有人開「讀書會」，是大

家公認最普遍、快速又有效的讀書法。透過討論、刺激創意、看見盲點是讀書會裡非常關鍵的環節，其用意在先讓大家百家齊鳴，聽到不同的聲音後做修正，最後形成共識；幫助建立更堅強的工作關係，創造一個安全的環境來分享或辯論想法時，就能建立信任。

讀書會演化至今，已產生很多的變種（表7-1）；有人把企業家的飯局酒攤變成讀書會，真是功德無量。有人號稱把台灣5%最愛學習的人圈起來，菁英共讀；企業界要能辦好讀書會必須「CEO坐鎮在第一排，並在各單位安排一些好學的讀書種子，先讀容易的書以培養信心與興趣」；一個人讀書走得快，一群人讀書走得遠！

>>> 讀萬卷書，行萬里路

猶太人認為世界上有三樣東西別人搶不走：（1）吃進胃裡的食物、（2）藏在心中的夢想、（3）讀進大腦

表 7-1　注重推廣閱讀的企業與個人一覽表

類別	公司名稱	負責人	推廣方式	內容說明	備註
企業	tsmc	劉德音	邀請金石堂進駐	開書店免租金但提供員工折扣	創辦人：張忠謀提倡終身學習
	鴻海集團	郭台銘	邀請金石堂開網路書店	職工委員會提撥2,000萬元	一年給每人2,000元買書
	中華電信	鄭優	讀書心得FB直播	一周一書，一年讀52本書	資深顧問顏長川主持各部門主管率部屬參加
	微軟	納德拉	讀書會	比爾‧蓋茲一年讀50本書經常主動推薦書給微軟員工	重塑團隊合作的文化
	岩田製造所	岩田	書評會（biblio battle）	不滑手機（每月5,000¥的獎勵金）提倡閱讀（＜30歲／每月2,000¥訂報費）	成長的員工是中小企業的命根藉著讀書提升教養
負責人	研華電腦	劉克振	讀書會（定期舉辦）	喜愛閱讀、樂於分享、主動送書	常藉閱讀擴大思考，集各家之長愛發明新詞，做「管理新實驗」
	友達電腦	彭雙浪	讀書會（只讀一本書）	董事長親自帶領1.3萬個員工花13個月精讀一本書	以讀書會重建員工信心注重讀書會廣度、深度、力度

類別	公司名稱	負責人	推廣方式	內容說明	備註
負責人	美律實業	廖祿立	共讀分享、智慧循環	編著《用心經營》上,下兩冊其他	閱讀是終身的習慣,閱讀是改變個人和企業的最大力量
	王品集團	戴勝益	益品書店	拿出3億資金,希望能撐20年沒Wifi、沒插座,專心閱讀精裝書	只要一百元(20年不漲)品味與美感不應該價昂
	大江生物挖礦	林詠翔	腦力激盪法	透過閱讀累積能量用知識打造公司經營進入障礙	工作狂+讀書狂每年讀超過百本(買書送員工)
網紅	《邏輯思維》	羅振坤(胖)	YouTube(直播或播放)	有品質的內容能吸引需要知識的人	內容變現,知識有價
	《冏星人》	余玥	YouTube(直播或播放)	每集10分鐘介紹一本書PressPlay(4小時募20萬元)	目前每月收入43萬元訂閱人次1,600人
	《閱讀人》	鄭俊德	直播同學會	每周直播萬人看(5,000~10,000人)每次7~8本書(快速高校閱讀力)	2018年講了600本成立一年,擁有30,000人粉絲
	《有物報告》	周欽華	台灣第一家訂閱網媒	純科技商業策略評論文章每月300元,每年3,000元	2年/1,000個付費會員1,764則/143萬字
	《書粉聯盟》	林揚程	讀書會	名人或你認同的人來導讀、分享73個線上讀書會社群	串連兩岸讀書會(2018年/400場)網路社群+直播風潮

的書。智慧老人認爲人生四項高報酬的投資：（1）讀書—去別人的靈魂裡偷窺、（2）旅行—去陌生的環境裡感悟、（3）電影—去銀幕裡感受別人的生命歷程、（4）冥想—去自己內心跟自己對話。如果不讀書，行萬里路也不過是個郵差？因此，有人高唱：「讀書最樂，一本萬力」、「多讀好書，自我超閱」！

據統計，未滿 30 歲的年輕人只有 6% 會看 FaceBook，24% 會看 Instagram；有高達 66% 在看 YouTube，70% 會追 YouTuber，甚至會夢想成爲其中之一的網紅；他們很不喜歡「說教」或「被說教」，願意拚參與感，會用金句補心靈缺口，千萬別依老賣老；最好用影像來「說故事」，但 8 秒內要有笑點，30 秒內吸收完畢，最長不超過 2 分鐘。

想跟年輕人交心的人，看著辦吧！最後，用「十四行詩」的體例，謹呈一首與大家共勉之！

〉〉〉 書與路

讀書需從「經典」到「通俗」，
「經典」可以與大師通靈，
「通俗」可以和凡人聊天，
書讀通了，上知天文下地理。

行旅需從「名山大川」到「小橋流水」，
「名山大川」可以與高僧談禪，
「小橋流水」可以和人家論藝，
路走通了，上窮碧落下黃泉。

玄奘西遊，寫成「大唐西域記」，
馬可波羅東遊，寫成「東方見聞錄」，
當東方與西方相遇，
不管讀書或行旅，都會碰出智慧的火花。

書若讀破萬卷，下筆有如神助，
路若行逾萬里，逍遙如有神遊。

★案例 7-1：中華電信讀書 M 計畫 - 書單

　　在 5G 時代，形成數位經濟的生態，出現很多的創新產業；有人宣稱：「《人工智慧來了》」，而物聯網、《大數據 4.0》的運用，能滿足消費者的多螢及行動支付的需求，讓大家可在智慧城市過智慧生活。各行各業深陷「數位匯流」中，資通訊業者首當其衝，必須趕緊找到成功的《商業模式》及《策略》才能《翻轉賽局》，在一片《混沌》中《致勝》；而資通訊從業員面對《被科技威脅的未來》，必須相信《未來已來》並學會如何從 Google 的海量資料中爬梳出知識的《整理術》，參考《金融業的新 3C 時代》，透過閱讀和訓練，能跨《敢變》還要夠快，翻身為《工業 4.0》、《科技 4.0》的新資通訊人。

　　身為資通訊業的主管，每年在向老闆承諾的《目標》下，面對《超速變革》的壓力，承受《N 世代衝撞》，抱著《創新是一種態度》的想法，發揮《逆轉力》；不但能從華頓商學院學會《活用數字做決策》，而且還要《用數字說話》以提高個人魅力，看《財報就像一本故事書》一樣；運用麥肯錫的《問題分析與解決技巧》，發揮《效率》以決定競爭力。上雲端、下凡間的《i 想想》可提高行銷的信任和溫度，在《明天的遊戲規則》下，《巧借東風》，運用數位槓桿迎向新市場；把顧客在心目中的地位，從「衣食父母」提高到「上帝」的

位階，透過「跨部門協作」，全心全意地提供《全面顧客服務》，讓顧客因滿意而建立忠誠度！運用溝通和《激勵》技巧，和部屬共享《當責》觀念和夥伴關係，才能讓部屬努力工作（Work Hard）、聰明工作（Work Smart）、快樂工作（Work Happy）；也就是把對的事情做得「好！快！樂！」。

身為資通訊業的部屬，宜站在主管的高度，願做額外的工作，跳脫框框，表現得比負責還負責，顯現出高績效（High Performance）和高潛能（High Potential）的特質，擠入企業的人才庫（Talents Pool）；但面對《機器人即將搶走工作》的壓力下，一方面要學習變形金剛的精神成為雙專長、跨領域的《π 型人》；另一方面還要學豐田人的連五問成為《Why 型人》；最好抱著「終身學習」的態度，依照《學習地圖》去建構個人的《知識管理》，如果工作都能成為《遊戲化實戰》該有多好！有國家級的電信、電機技師或各單位的電腦技術士、CCIE、CISSP、OCP……等專業證照可以護身，而 PMP 和 CPA 更是吃得開的黃金證照；《鯨魚哲學》強調心態要從負轉正，但也不要忽視《負面思考的力量》；《第一百隻猴子》認清「不變也要求變，不斷改善終至創新」的角色，可成為《Z 世代》、《厭世代》、《闖世代》的《職場的諸葛亮》。

台灣的交通部電信局經過轉型後，已成為一家有 106 年歷史的最大資通訊公司；最有條件領頭建構一個「大平台」

和各行各業合作，讓消費者過智慧生活。透過《競爭論》和《決勝》，以《勇者不懼》的福特轉型及稻盛和夫的《日航再生》為戒，才能掌握「最後一哩」（線路）及「黑盒子」（STB），再創另一個高峰。資通訊從業員需先克服《破壞性創新的兩難》，還要有力克‧胡哲的《人生不設限》，才能《做個當下的生活教練》，以求工作和生活的平衡；未來可能萬能的小機器人會代替智慧型手機，賈伯斯目前仍是世人心目中的「創新典範」，如果懷疑《賈伯斯憑什麼領導世界》？那麼請看《賈伯斯傳》。資料來源：https://es-la.facebook.com/NewCHTer/videos/897902543712912/

CHAPTER 8
接受最有效的訓練法

　　每家企業負責教育訓練的人資主管，多年來一直有這樣的遺憾：精心替同仁規劃訓練課程，邀請理論與實務兼具的講師，提撥鉅額的經費和寶貴的時間，將學員齊聚一堂上課，High 到最高點，滿意度百分百；但課後一段時間，學員卻依稀只記得幾個笑話，激情全消，好像什麼事情也沒發生。很多學員的藉口是業務繁忙，更多的學員根本上完課就將講義束之高閣，當然不會有事情發生。知與行之間確實存在一道很深的鴻溝。大家都在追求「最有效的訓練方法」，最好上完課回到工作崗位上能夠馬上

派上用場且績效卓著！

〉〉〉 量身訂做的訓練法

　　一家企業能熬成百年老店當屬鳳毛麟角，能年過半百的也著實不易了。有歷史的企業自有一套企業文化及經營哲學，上自願景、使命、價值觀……等說得頭頭是道，繼之把內外在環境的機會、威脅、強項和弱項（SWOT）搞得清清楚楚；最後運用最新的 OKR 觀念及一頁企劃書（OGSM）把業務目標、經營策略、行動方案、應變計畫、部門績效、個人配額、獎懲升遷……等全兜在一塊、大家照表操課；就這樣年復一年下去，直到永遠。

　　有點年紀的企業在發展過程中，難免產生一些習以為常且積弊已深的老毛病，常被外來的專家學者或企管顧問一眼看穿、一語道破，這些問題執行長及人資長其實都心知肚明，直到在某次關鍵的經營決策會議上，企業

內的有識之士登高一呼、慷慨陳詞，終於取得共識、引起共鳴，「大變革」、「大改造」、「數位轉型」的聲音響徹雲霄；於是 CEO 欽點的企業菁英們和世界頂級的顧問公司關在人跡罕至的世外桃源，經過三天三夜的磨合，得到如下的結論：

圖 8-1　企業的三大隱憂及其解決之道

三個隱憂	當務之急	20XX 年 開始做，直到永遠……
本位保守作祟	轉念切換逆轉勝	**20XX 年 X 天菁英訓練 T 計畫** 新企業文化：從 XXXX 人 心態調整：從 NO → YES 角色認知：變化＋創新
各級主管斷層	加速提早破格	**20XX 年 X 天菁英訓練 T 計畫** 儲備幹部：進行 12 項修練 基層主管：做對 6 件事 中高階主管：善用 2 把刷子
專業人才缺乏	搶人才本業跨業	**20XX 年讀書心得分享 & 計畫** 有效主管：Manager+Coach+Mentor XXX 是教導型組織 XXXer 是終生學習者

有經驗的資深講師在為顧客量身訂做一套最有效的訓練法之前，一定要先與執行長和人資長訪談過，把企業的底細摸得一清二楚，掌握過去、現在和未來的狀況。最難的是心態調整（Mindset）和角色認知（Position）。有歷史企業的員工受到本位保守主義的作祟，通常都有些官僚氣息、凡事以防弊為主、開口閉口就是我、我、我個不停……；問題還沒聽完就先說 NO，必須調整到以僕人侍奉顧客的服務心態並以企業整體利益考量，把 NO 變成 YES ！再也不能以不變應萬變，至少要以萬變應萬變，最好是積極求變；記得還要再加上創新，不創新就死亡；換了位置和角色，記得也要換腦袋！

〉〉〉 最有效的訓練法

　　這是個「人人都很想學習」的時代，企業的員工最想從工作中獲得的是持續學習的機會。尤其是在 5G 的百倍速時代，知識和技巧似乎折舊得特別快；以前只要靠一

招半式就可闖江湖吃一輩子，現在的基礎技能可能每四年就要大翻修，而特別技能日新月異，幾乎年年要更新才跟得上。學習須講究方法和效率，「草履蟲試誤法」（Trial & Error）雖有效，但必須碰得遍體鱗傷。難道一定要鮮血淋漓才能學到教訓嗎？有沒有像武俠電影的情節那樣：一個白髮皤皤的老頭在深淵裡救起一個翩翩美少年，雙手按在他的頭頂上，「瞬間傳輸一甲子功力」？

　　這是個「學習可以很有趣」的時代，有經驗的講師會擔任引導者的角色（facilitator），運用多元教學方式如：「課堂講授」是必要的惡，會控制在適當的比例；「小組討論」是必須的，重點在分組作良性競爭；「影片教學」可在輕鬆愉快的氛圍中學到東西；「角色扮演」可有演什麼像什麼的體驗；「個案研究」可從別人的成敗中吸取教訓；「競賽活動」讓學習遊戲化，可貴在做中學、錯中誤；「腦力激盪」可迸出智慧的火花；「心得報告」必然言之有物。從開始的第一分鐘到最後一分鐘絕無冷場，再加上禮輕意重的獎品，確保是一場最有效的訓練。

任何研習會的頭一個組隊（Team up）動作是成敗的關鍵，來自企業各部門的學員，經過課前的混合編組，及臨場的選小組長、命個響叮噹的組名，分工於七分鐘內完成講師指定的討論題綱，然後由小組長帶隊出場亮相做三分鐘的展示，形成一個「生命共同體」。講師分享了三個職場經驗談（以身作則、毛遂自薦及求勝），此時全班的已躍躍欲試，講師最後要求組長安座，各組組員起立舉手向組長宣誓的儀式完成後，全班 High 到不行，一場最有效的訓練就這樣開始了。

〉〉〉管理實驗室的訓練法

「體驗式學習法」是培訓專家們將職場的各種實務活動設計成各類的仿真情境如沙漠淘金、承諾、王者之星的挑戰、荒野傳奇、協力造橋、決戰風帆市場、響尾蛇峽谷……等，讓學員去親身經歷（The experience），從實做及犯錯中，反映出（Reflect）學員在職場可能有的不良

習性及不自知的盲點，期望學員能將此椎心之痛跟實際職場的日常運作連結（Translate）；如果有機會再玩一次，或在職場上碰到類似的情況，可以做得更好或絕不重蹈覆轍（Point of Choice）。

體驗式學習法好像是在「管理實驗室」做實驗，允許犯錯，不必流血；犯錯感覺就像實驗失敗了可以重來，最重要的是不必付出慘痛的代價。根據「做中學、錯中悟」的培訓原則，犯錯學員的邊際學習效果最大，他們的內心是這樣想的：「幸虧這只是學習活動，若是實務運作，那就慘了！回到工作崗位上，絕不再犯。」尤其是直銷業的「大老鷹們」什麼培訓課程沒上過？只有讓他們去做，從錯誤中看到自己的愚蠢，才能有「當頭棒喝、醍醐灌頂」的感受。

很多企業舉辦完培訓課程，以為已經大功告成，大家就地作鳥獸散；學員會將所有講義、筆記打包妥當束之高閣，啥事也沒發生？其實、結訓才是講究落地執行的

圖 8-2　管理實驗室

開始、HR 除將獲得冠軍的小組及表現優良的學員告知所屬單位外，還須要求參訓學員回到原單位三天內提出「如何將所學的三個重要觀念活用於日常工作上？」的執行計畫經單位主管核可，三個月後再提出成果報告，單位主管特別要注意參訓員工是否有灌輸正確觀念、心態由負轉正及敢變創新？學員是否已變成一個能跳脫框框、主動爭取

額外工作、站在主管角度和全公司利益考量問題的優秀員工？這才是培訓的最大意義和收獲。

〉〉〉 具有特色的訓練法

有經驗的講師知道，上課學員的「手機」是培訓課的「天敵」，若不加以管制，偶爾會被震天價響的來電鈴聲嚇到，有時這個角落有人打電話，那個角落有人接電話，有些人還進進出出教室如入無人之境，課堂秩序大亂，效果當然大打折扣。若能在每堂課前要求學員主動把手機置於一格一格的壓克力櫃中列管，教師美其言曰：「學員把手機放到養機場」可用肢體語言解釋為：「老師！我們是誠心誠意要百分百專心來聽你的，請教教我們吧！」有哪個講師敢不傾囊相授？學員聞言紛紛自動「繳械」，傳為美談。

另有專為本課程設計的精美撲克牌（Poker），用頭

文字學（Acronym）形式將本課程的主要內容表達在 52
張牌中，讓學員在輕鬆打牌的休閒中，還能複習本課程的
重點，此項特色深受學員喜愛。因係非賣品，市面上有錢
也買不到，需要來參加本課程且要獲得冠軍的小組成員
才有，殊為難得，真是一份禮輕意重的禮物，值得捨命爭
取！難怪所有學員在全程 High 翻天，有學員還跟講師抱
怨：「沒有時間打瞌睡」！

養「機」場與撲克牌

★案例 8-1：中華電信 3 天菁英培訓計畫

中華電信公司董事長室顏長川資深顧問在 2017 年底指出建議中華電信公司宜避免一般老公司的三大隱憂：① 疑有本位保守主義作祟，② 各級主管將有嚴重斷層，③ 專業人才較缺乏，並提出具體作法如：調整由負轉正的心態、加速提早破格晉升和積極搶奪資通信人才、媒體人才、金融人才及其他各行各業的人才；規劃出「1 周 1 書讀書心得分享 M 計畫」及「3 天菁英培訓計畫」；透過閱讀（Reading）和訓練（Training），型塑新中華電信人（Through R&T to reform a new CHTer）。

顏長川資深顧問配合 TDP talent 的十項共通職能（以顧客為中心、商業敏銳度、適應忄生、運營領導、發展人才、成果驅動、溝通能力、建立互信關係、策略性領導能力、激勵他人），應用體驗式多元教學方式（課堂講授、小組討論、影片教學、角色扮演、個案分析、競賽活動），加上腦力激盪及心得報告，設計出 3 天菁英培訓計畫，確保每位學員能脫胎換骨成為一個新中華電信人；從 2018 年 2 月 7~9 日的第 1 梯次開始，採混合編組（打破建制、職稱、性別……等），共執行 15 梯次計有 273 位學員，滿意度 5.9 分（滿分 6 分），大家都有一個共同的心聲：「這是我最有感觸和收獲的一次訓練」、「希望我的主管也能有此體驗」、「好的董事長帶

來好的顧問」……等。

　　洪維國副院長上完課之後，認為是精采絕倫的課程，帶來很多感觸與啟發，進而建議：①「3 天菁英培訓計畫」應推廣續辦，② 強化本公司創新風氣，③建立輪調制度；同時極力將本課程推薦給中華精測公司的黃水可總經理。黃總欽點 23 個關鍵主管幹部並親自全程參與 3 天的課程，用心寫下如下心得報告分享大家。

表 8-1　菁英培訓 3 天課程

	會做事也會做人	12 項自我修練
Day 1	新 3C 時代 心態調整 角色認知 個案：幸島的猴子	討論：資通訊業 3C 五代同堂（跨世代） 職場 543 建立 PKM 個案：幸島的猴子
	會管理也會領導	做對 6 件事
Day 2	解決問題 善作決策 團隊合作（跨部門） 活動：One CHT	個案：派克魚市場 好主管 X 好部屬 因材施教 情境領導 活動：教練
	會溝通也會激勵	活用 2 把刷子
Day 3	溝通 X 激勵 信任 X 夥伴 授權 X 當責 影片：Apollo 13	討論：誰擺第一？ 經營五字訣（跨專業） 工作三步驟 職場相對論 活動：團隊動力

瞬 時 競 爭 力

表 8-2　2018 新中華精測人菁英培訓心得報告

單位	總經理室	職稱	總經理	姓名	黃水可
學習目標	為提升工程背景高階主管的管理與領導能力				
	進一步了解公司高階主管的工作思維、態度與高度				
	做為將來主管調整之重要參考				
觀念	活用於工作上				
能跨	精測本就是跨領域整合的公司，橫跨 M（機械）E（電性）C（化學）O（光學）四大領域技術。				
敢變	只要嗅到市場商機，即勇於投入新產品研發，並改變原有之商業模式。				
夠快	因精測特有的專業分工、快速整合作業模式，提供客戶具有彈性且快速的服務價值。				
一句話	唯一不變的就是變				
項目	心得與建議				
會做事也會做人	作業同仁，以例行性工作為主，強調紀律與效率。				
	研發同仁，以技術發展、產品研發、工程改善為主，強調邏輯概念與系統思維。				
	中高階主管，除培育部屬外，最難的是自我反省與啟發，進而自我成長。				
會管理也會領導	管理是運用人、機、料、法、環各項資源，達到預期目標。				
	領導是員工積極主動地投入，創造出超越目標的成就。				
	領導重心，管理重法，領導與管理其實是心法合一的一件事。				

會激勵 也 會溝通	物質激勵是基本，精神激勵成效不可限量，可建立使命感，燃燒熱情，朝著願景前進
	各部門橫向溝通出現落差，有溝沒有通，希望藉由這次課程提升同仁溝通有效性
	多看、多聽、多問、少說；以信任建立夥伴關係，可勇於授權，敢於當責
結語	謝謝顏老師用三天的時間，傳承四十年的職場生涯精華，
	讓精測主管的能力再提升，進而創造精測下一個新的里程碑。

CHAPTER 9
蛻變新經理人

　　資通訊業的「5G」世代，帶給大家「百倍」的速度感，應用「AIoT、Blockchain、Clouding、Data、Edge-computing、FinTech……等」技術，把「人、機、物」全部串聯起來，使人人在「智慧城市」的「智慧家庭」中過「智慧生活」成為可能；在新經濟的新零售下，「智慧手機」隨處嗶一下，就可解決人生八大需要──「食衣住行育樂醫養」，這不是天方夜譚的科幻小說，而是活生生擺在眼前的現實。在千變萬化的「五代同堂」的未來職場中，「新經理人」如何面對「Z世代」的衝撞？

自有一套關鍵成功方程式（Key Successful Formula，簡稱
KSF）；邱吉爾說：「成功是歷經一次又一次的失敗卻仍
不失熱忱的能力！」

〉〉〉 新經理人面臨的新 3C 時代（3C）

　　新經濟的新經理人可向《冰山在融化》的企鵝學「商
場敏感度」，向《誰搬走了我的奶酪？》的小老鼠學「危
機急迫感」，從《十倍速時代》得到「預測變局，創造轉
機」的啓示，從《瞬時競爭策略》得到沒有「永久競爭
優勢」的警惕，因而體會出「把變化（Changes）帶來的
挑戰（Challenges）視同機會（Chances），也就是所謂的
新「3C」；同時，焠鍊出「能跨敢變夠快」的六字箴言。
各行各業先以「變化、挑戰、機會」爲橫軸；再以「產業、
組織、個人」爲縱軸，矩陣出「九宮格」，作爲面對新
3C 時代的因應之道。

新經理人必須應用「轉念、換角度、切換、逆轉勝、精神勝利法」……等技巧，把原來充滿負面想法的心態，從「NO」調整爲「YES」；也要對「改變」和「創新」的角色，做一番再認知：不變應萬變行不通了，至少要隨機應變，最好能不變也要求變；「不創新，即死亡」早有耳聞，內外部新創要雙管齊下，不斷地改善就是創新，不斷地創新，就是未來，未來已來。

〉〉〉新經理人必須歷練 10 個面向（10A）

新經理人在職場存活的法則，可從 10 個面向（Aspects）——「10A」去探討；即先融合「職場的相對論」，再踏穩「工作的三步驟」，最後熟悉「經營五字訣」，一步步循著職涯天梯往上爬，終至心目中理想的「C什麼O？」每個人的職涯都會從「職場的相對論」如：「做事 vs. 做人、管理 vs. 領導、左腦 vs. 右腦、人才庫 vs. 知識庫、正式 vs. 非正式、物質 vs. 激勵、工作 vs. 生活」去

專精其一，後來發現老闆想的跟我們不一樣，必須兩者兼備，因此，趕緊把「vs.」變成「+」；把「相對論」變成「融合論」。

　　新經理人在職場的歷練會循著以下「工作的三步驟」前進：（1）「努力工作」──職場上的新進菜鳥，一來充滿好奇，二來求知若渴，因此，在主管或資深老鳥的悉心指導下，會很努力工作；但事情沒有想像的那麼簡單，挫折難免，當初的熱情冷卻，工作能力未養成，陷入困境，工作很努力，績效卻不彰，只好以「沒有功勞也有苦勞」自我安慰了。（2）「聰明工作」──陷入困境的菜鳥經過主管雙管齊下協助脫困之後，就學會聰明地工作，他會聚焦在關鍵工作上且先做重要又緊急的事，活用6W2H 法則提案，運用 PERT 掌握有限資源，利用 CPM 與 KA 敲 D-Day，用魚骨圖找原因，用 Brain-storming 找對策，效率至少提高一半以上。（3）「快樂工作」──資深的職場老鳥，工作能力強，意願也高，有很強的獨立作業能力；他很喜歡當家做主，能把興趣當工作，把工作

當事業，每天快樂地工作，不但能苦中作樂且能樂在其中。

資深的企管專家融合多年的經驗，將企業五大功能濃縮爲「產、銷、人、發、財」；資深的企業人士再根據這五個字，也分別發展出五個字，號稱爲「經營管理五字訣」：

① 生產──人、機、料、法、環；廠長只要把人和機器搞定，各種用料充足，規章制度方法齊備，並營造 5S 的生產環境，加上預備的應變計畫，每天就可高枕無憂了。

② 銷售──無、有、優、廉、跑；業務主管常常念念不忘這樣的口訣：「人無我有、人有我優、人優我廉、人廉我跑」。

③ 人資──徵、選、育、用、留；所有主管都是人資主管，「徵親仇、選對人，育成才、用其才、留好人」是最高指導原則。

④ 研發——思、創、代、專、先；研發人的共同專
業和信仰就是思考和創新，代工也會立
大功，專利也可賣錢，研發人應走在行
銷人之前。

⑤ 財務——真、嚴、效、活、細；財會人員要有求
真的精神和嚴謹的紀律，才能產生有效
的財務報表和分析；靈活和細心是財會
人員的特質。

〉〉〉 新經理人必須做對 6 件事（6R）

傳統的職場上，新官上任會點這三把火：「蕭規曹
不隨！照我的方式去做！我說了算！」新經濟的新經理
人上任要提問這三個問題：「管理是什麼？領導是什麼？
策略是什麼？」大家公認：管理是「運用有限資源創造最
高和理成效」，領導是「透過他人把事情完成」，策略
是「決定要做什麼和不做什麼」；管理和領導是新經理人

的兩把刷子，而策略是 Make a difference，執行是 Make it happen。新經理人搞清楚這三個「大哉問」之後，才能期望他們可以成為一個呼籲：「We are family」的好老闆、一群呼籲：「We are partners」的好主管、一群拍胸膛說：「We are the best」的好部屬，然才能締造出一家基業長青的幸福企業。

傑克・威爾許（Jack Welch）說：「人對了，事就對了。」華倫・巴菲特（Warren Buffet）說：「找對的人做對的事。」吉姆・柯林斯（Jim Collins）也說：「找合適的人上車。」可見大家都在找心目中的「Mr.Right」。根據一個資深的 HR 人員的經驗談：「一個職位必須至少輪調過五次，才能勉強找到它的「Mr. Right」；顯然，「適才適所」是最高指導原則。一家高績效企業的新經理人必須要能複製對的主管、建構對的平台、甄選對的部屬、輪調對的位置、教練對的方法和聚焦對的事情並且做得「好、快、樂」（意思是又好、又快、又樂，即品質、速度、樂趣三者兼備）；這就是所謂的「6R」。如果「6σ」是

品質管理和流程改善的特效藥，「6R」就是打造高績效企業的萬靈丹。

　　各行各業在敲定年度業務目標時，若先有年底交出「極大化績效」的心態，則年初就敢承諾「挑戰性目標」；經過一年的努力，高績效企業可能有「不能說的祕密」；低績效企業可能有「不願面對的真相」；但無論如何，基業長青的新經理人必須做對以下的 6 件事，茲分述如下：

　　① 對的主管——是所有部屬的典範，也是高績效企業的領頭羊，複製愈多愈好。

　　② 對的平台——將 ERP、SCM、CRM、ABC、BSC、EVA……等建構成一套的 IT 系統。

　　③ 對的部屬——先開出「人才需求單」，再用「行為式面談」去甄選對的部屬。

　　④ 對的位置——把對的人輪調到對的位置上；時時檢討：「有沒有擺錯的棋子？」

⑤ 對的方法——教練部屬用對的方法做事且做得好快樂。

⑥ 對的事情——聚焦關鍵工作，也就是對績效有重大貢獻的事。

〉〉〉新經理人必須進行 12 項修練（12D）

這年頭，各行各業必須運用各種行銷手法以贏得眾多消費者的青睞，甚至是個人也要講究「自我行銷」，才能出人頭地，吸引無數媒體的鎂光燈。川普是大家公認全球最會行銷自己的人，居然用 twitter 把自己賣進白宮成為美國總統，目前正在全球各地興風作浪，捲起千堆雪，成為全球最大咖的網紅，人人爭相仿效。

「專業、電腦、語言、能說、會寫」是職場人士的五大核心競爭力；「時間、人脈、健康、財富」是人生四大寶貴資源；「提案、執行、持續」是職場三大特質。

新經理人必須「自我修練」這 12 項（12D），才能贏在起點，成為職場贏家（Winner）；若不能贏在起點，至少要贏在轉彎處，也就是「彎道超車」。茲分述如下：

① 專業──沒有一萬小時別談專業；期望成為變形上班族。

② 電腦──行動工作者隨時在旅途中，永遠聯絡得上。

③ 語言──語言是一項終身資產，英語是第二官方語言，程式語言是另類需求。

④ 能說──鬥嘴鼓，說得嘴角全波。

⑤ 會寫──你有九把刀，我有一把槍。

⑥ 時間──時間是一把雙面刃，一天有 25 小時。

⑦ 人脈──九同之說，貴人！你在何方？智慧老人！你在哪裡？

⑧ 健康──養生有術，長命百歲，千萬不要過勞死！

⑨ 財富──台灣錢淹腳目，中國錢淹肚臍。

⑩ 提案──創意 X 可行性，Mission：I'm possible。

⑪ 執行──績效是硬道理，年齡不是問題。

⑫ 持續──續航力，戲棚下站久了就是你的！

〉〉〉 新經理人必須具備的 21 個特質（21S）

職場人士在奮鬥過程中，需要經過魔考，若能具備下列以 S 為頭文字的 21 個特質（如附表）：① 三點原則、② 加零競速、③ 人工智慧、④ 當頭棒喝、⑤ 商場敏感度、⑥ 容錯、⑦ 原則、⑧ 滿足感、⑨ 求生、⑩ 人際關係、⑪ 強項、⑫ 策略選擇、⑬ 肢體語言、⑭ 超前部署、⑮ 僕人領導、⑯ 關鍵時刻、⑰ 差異化、⑱ 知識管理、⑲ 人才管理、⑳ 時間管理、㉑ 還在學。大部分都是在職場求生掙扎的活用技巧和觀念，可以說已集合古今中外、諸子百家的學說，經過千錘百鍊，脫了好幾層皮之後，才能「蛻變」為一個新經理人。

在職場打滾多年的人士都知道「步步為營」的道

理，如何踏出正確的第一步是首要之務，否則容易一失足成千古恨；一旦步入正途，就要想辦法比別人快一步，先卡位要緊；永遠要先預想下一步，隨時學些新把戲，以備不時之需。「自我管理」的最佳口頭禪是「What's next ?」而非「So what ?」綜合加總上述的 52 張卡片（3C+10A+6R+12D+21S），可打出一手好牌（CARDS），新經理人的成功方程式就是 Success=3C+10A+6R+12D+21S。

表 9-1　成功關鍵方程式

公式	項目	關鍵字	重點說明	備註
3 C	變革 Change	因應變革	不變應萬變，萬變應萬變，不變也求變	能變
	挑戰 Challenge	跨越	跨部門、跨專業、跨世代	敢跨
	機會 Chance	正向思考	將挑戰視同機會，機會稍縱即逝	夠快
10 A	相對論	versus	列表比較，凸顯異同	either or
	融合論	plus	兩者都要，融合異同	both
	努力工作	work hard	建立正確的工作心態	3 信、3 堅、3 專
	聰明工作	work smart	創造卓越的工作條件	3 識、3 創、3 本
	快樂工作	work happy	累積堅實的工作歷練	3 歷、3 業、3 生
	生產	產	人、機、料、法、環	智慧工廠
	銷售	銷	無、有、優、廉、跑	新零售
	人資	人	徵、選、育、用、留	人才庫
	研發	發	思、創、代、專、先	知識庫
	財務	財	真、嚴、效、活、細	虛擬貨幣
6 R	對的主管	複製	有料可學，有心肯教	自主管理
	對的平台	建構	Job Description，SOP，ISO，Benchmark	Godfarther
	對的部屬	甄選	不懂就學，不會就問	終身學習

公式	項目	關鍵字	重點說明	備註
6 R	對的位置	輪調	每一位置輪過五個人才能找到它的 Mr. Right	適才適所
	對的方法	教練	內功、外功、心法	好主管
	對的事情	聚焦	活用 80/20 法則	抓大放小
12 D	專業	證照	各種專業證照護身	變形上班族
	電腦	mobile	人腦＋電腦，萬物皆聯網	AIoT
	語言	工具	語言是別人無法剝奪的資產	多多益善
	能說	演講	溝通的四通八達，看、聽、問、說	講座分享經驗
	會寫	著作	個人知識管理（PKM）	專欄作家
	時間	管理	時間就是金錢	一天有 25 小時
	人脈	經營	人脈就是錢脈，貴人，您在何方？	九同之說
	健康	工作、生活	健康就是財富，健康第一	三角平衡
	財富	金錢萬能	你不理財，財不理你	沒錢萬萬不能
	提案力	積極	創意 × 可行性	內部＋新創
	執行力	落實	沒有執行力，那有競爭力	成果導向
	持續力	堅持	戲棚下站久了就是你的！	永不放棄

瞬 時 競 爭 力

公式	項目	關鍵字	重點說明	備註
21 S	三點原則	Simple truth	簡單就是硬道理	一切從簡
	加零競速	Speed	5G 是百倍速、6G 是千倍速，唯快不破	速度第一
	人工智慧	Smart	AI + Smart Everything	智慧化
	當頭棒喝	Stupid	Stupid! It's the economy. 笨蛋！問題在經濟	一語驚醒夢中人
	商場敏感度	Sense	有感反應	敏感度
	容錯	Space	空間，距離，彈性……等	空間美感
	原則	Stand	為人處事的底線	立場堅定
	滿足感	Satisfy	滿足員工，顧客，股東的願望	唯吾知足
	求生	Survive	不景氣之考驗	永不放棄
	人際關係	Sincere	EQ, AQ	待人誠懇
	強項	Strong	SWOT 分析之一	強者唯王
	策略選擇	Sacrify	拒絕不該做的事	能捨才能得
	肢體語言	Smile	伸手不打笑臉	微笑孕育微笑

公式	項目	關鍵字	重點說明	備註
21 S	超前部署	Scenario	最佳、平均、最壞，甚至是十八套劇本	預想結局
	僕人領導	Servant	如僕人侍奉主人般服務顧客	顧客是上帝
	關鍵時刻	Surprise	讓內外部顧客發出 WOW，啊哈！的讚嘆聲	驚喜非驚嚇
	差異化	Special	VIP，長尾	隨經濟
	知識管理	Stay foolish	裝傻	大智若愚
	人才管理	Stay hungry	無才不如己者	求才若渴
	時間管理	Sleep Learning	睡眠學習法	睡覺也能學習
	還在學	Still Learning	即使是大師級也抱此謙虛態度	終身學習

★案例 9-1：從打橋牌學管理

　　橋牌是一種兩人合作的遊戲，因為打橋牌有系統、有約定，所以能夠和夥伴在叫牌、出牌的觀念上有良好的溝通；因此，行家會拿一手牌架起溝通的橋樑。橋牌也是一種以隨機發牌所進行的技巧活動，含有運氣成分，或更確切地說，是個內含隨機成分、不完全知識，以及受限訊息傳輸的戰略遊戲。拿到一副牌時，需深思熟慮推敲出最好的打法，難學易精，時間會積累出橋牌的奧妙所在；橋牌是目前世界上最為流行的紙牌遊戲，在老年人群中尤為流行。

　　台灣的諸多名人中嗜打橋牌的前有沈君山，現有張忠謀；據說沈君山先生，生前雖然中風，靠著器具的協助，還是可以和朋友一起打橋牌。張忠謀自台積電（tsmc）裸退後，就專心寫自傳、打橋牌、旅遊；曾規畫去中國大陸一趟，請大家千萬不要誤會，他只是想去北京參加橋牌比賽而已。

　　有位橋牌國手回憶：「像我第一次出國，就是 1991 年大學畢業時，代表台灣去美國參加「世青賽」。當時我們這群小伙子還被台積電董事長張忠謀請到家裡去，因為張忠謀是青年橋隊的贊助人，他本身也很喜歡橋牌，於是邀我們到他家打了幾圈橋牌，還帶我們去吃牛排，現在想起來印象還很深刻。

陳明哲獨創「動態競爭理論」，直接挑戰美國管理大師波特；即將成為美國管理學院首位華人院士。他是一個從小愛打籃球、愛打橋牌的台東鄉下野孩子，由於社交單純、不愛名利，陳明哲更可以專注在他所喜愛的動態競爭理論研究，做好時間管理、同一個時間專注把一件事情做好，自我要求凡事都做好萬全準備，甚至超前佈署。

　　職場人士可以從橋牌的牌藝上訓練與人合作、每局叫牌、出牌都會反複咀嚼思考贏在哪裡或是輸的關鍵？養成一生領導、管理企業、經營企業、管理專業經理人的能力、團隊合作、領導管理、用人唯才、事業伙伴、商場競爭、生產管理……等，難怪很多喜打橋牌的企業名人比比皆是。

CHAPTER 10
變現個人知識

　　知識管理（knowledge management，簡稱 KM）包括一系列企業內部定義、創建、傳播、採用新的知識和經驗的戰略和實踐；可以是個人知識，以及組織中商業流程或知識庫……等；於 1990 年代中期開始在全球崛起，針對個人及社群所擁有的顯性知識和隱性知識進行積極及有效的管理；相關的重要觀念有學習型組織、企業文化、資訊科技應用、人事管理……等。西門子公司（Siemens）所推行的知識管理，被美國生產力與品質中心連續兩年票選為「最佳實務」（best practice），英特爾、飛利浦及福

斯汽車等世界級企業，紛紛向其取經。至於個人也需要講究知識管理（PKM），若能同時注重「變現力」更佳，「知識變現」已經成為 2020 年的一門顯學。

〉〉〉 個人知識管理的經驗分享

我於任職中國信託銀行時期，就已養成將銀行的各類金融實務經驗寫成一篇篇文章，投稿於工商時報、管理雜誌、現代管理月刊……等報章雜誌，然後將一篇篇文章編輯成書的習慣，多年來竟也出版了十幾本書；慢慢就得出「計畫性寫作」的要領，書名與目錄先確定之後，就照表操課下去！重要的是平常的資料收集功夫，早期的電腦還未普及時期，空白的名片及名片盒，就是我的資料庫，一切靠手工，所以當時的寫作，被戲稱為「手工業」。

我於任職哈佛企管顧問時期，自擬了一段願景宣言：「在知識經濟的大數據時代，建立個人知識管理，進行

十二項修練，做對六件事情，善用兩把刷子，突破數字魔障，瞬時踏入跨世代、跨專業、跨部門的領域，享受在輕鬆中教與學的樂趣」！

很高興得了「康師傅的師父」及「富士康的 A 咖講師」的封號！除了管理雜誌及突破雜誌的總編輯的歷練外，專業講師的經驗也因而成熟；《贏在起點的十二項修練》、《做對六件事，打造高績效企業》及《不瞎忙的自我管理術》堪稱此時期的代表作。

我於任職中華電信時期，因任董事長室資深顧問，我利用個人知識管理的技巧（圖 10-1），在很短的時間就摸透了資通信業的產業趨勢及競爭對手，對中華電信的高階主管做了四次重要的簡報，儼然是個資通信專家；我也執行了一年 52 次一周一書讀書心得分享會（Reading）的直播及 15 梯次的 3 天菁英培訓計畫（Training）；深深體會出未來的企業除了注重 R&D 以外，還必須注重 R&T。

圖 10-1　資深顧問的個人知識管理

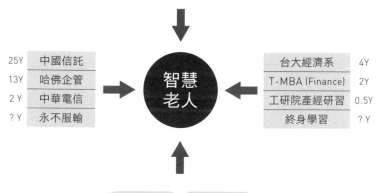

經營智慧	
產業趨勢	法規鬆綁
5G+8K	反媒體壟斷法
數位匯流	數位匯流五法
多螢影音	NCC
行動支付	公交會
其他	其他

25Y	中國信託
13Y	哈佛企管
2 Y	中華電信
? Y	永不服輸

智慧
老人

台大經濟系	4Y
T-MBA (Finance)	2Y
工研院產經研習	0.5Y
終身學習	? Y

人才庫	知識庫
（個人檔案）	（企業檔案）
跨專業	跨領域
HP+HP	CSR/CIS
AI 機器人	物聯網 +++

資通訊業	非資通訊業
主要競爭對手	

瞬 時 競 爭 力

〉〉〉 個人知識變現的實例

有錢無閒的人、需要做時間管理；無錢有閒的人，需要做財富管理；有錢有閒的人是天之驕子，可以瀟灑散盡千金；無錢無閒的人是職場魯蛇，不知在窮忙什麼？在物價高漲，實質薪資不斷倒退的時代，職場魯蛇又窮又忙，早已失去夢想，更別提詩和遠方；當低薪、升遷無望成為事實，為知識和技能尋找變現之道，是職場魯蛇的義務。

張丹茹（Angie）是一個平衡人生實踐家、時間管理達人、科學育兒專家、五歲寶寶媽媽、新精英認證生涯規畫師、Linkedin 專欄作家、「價值變現研習社」創始人，可說是一個角色多重的斜槓人；她經營多個付費社群，全網課程收聽量破百萬，對應微博話題閱讀量破千萬；在互聯網從業多年，曾任互聯網廣告公司營運總監。她很想跟大家分享擺脫生涯焦慮，重新奪回人生選擇權的三個步驟：

（1）自我管理——Angie 教大家如何自我管理去搶救自主時間如：廣泛閱讀人生活法，透過電影瞭解許多人的一生，找出想過的生活；把一件有意義的事情變得有趣；給自己一些有趣的儀式感，三不五時訂個有趣的挑戰，多看一些有趣的節目，每個月見一個有趣的人；揪團向同伴學習，把笑點降低就可笑開懷，糟糕透頂時脫離現場，要相信人生是有趣的。

（2）聰明試錯——互聯網時代有非常多的選擇，好處是試錯成本很低；但也因為試錯成本太低，反而容易放棄堅持而無明顯的進步；所以在選擇時，最好是聰明地選擇加入一些有規則、有嚴屬獎懲的社群，才會當一回事看並打造價值興趣。

（3）知識變現——先要大量閱讀，累積知識；再勤於寫作，成為某個領域專家；最後將知識變成課程，再將課程產品化，獲得的收入高於上班薪資。利用知識價值實現財務自由、精神自由和人生自由。

〉〉〉 變現的心法和步驟

張丹茹（Angie）把她的心法到步驟寫成《知識變現》（Action Now）一書，可當作一本完全把知識技能變成現金的實用手冊。她認為不管斜槓或單槓？真正的平衡是每一個身分都可以帶來力量；擁有多少身分和收入，不是成功唯一指標，終極完美的斜槓人生是把握每個階段最重要的人生角色，面對家庭、事業與美好人生，游刃有餘。她特別分享三個活用的步驟：

（1）微夢想——人類因為夢想而偉大，如果每年都有一個類似征服宇宙、愛護地球、拯救人類、保衛國家、貢獻社會……等的春秋大夢；則年復一年，夢想清單愈來愈長，好幾條大的夢想無法實現而倍感挫折；後來乾脆把一個大夢寫成30個微夢想，竟完成了24個，痛點變爽點，不亦快哉！

（2）微行動——理想可以很豐滿，但行動越骨感越好；萬事雖然起頭難，但頭過身就過；做任何一件事，起

步的門檻越低越好；最完美的完美主義是開始行動起來後，要求每個細節都做到最好。想看完一本書，從每天至少唸五頁；想減肥，從下班提早一站下車走路回家開始；想買房，從每個月強迫儲蓄多少錢開始。

（3）微習慣——健康管理感覺很難，又要跑步，又要早睡早起，還要注重飲食；就從一杯簡單的檸檬蜂蜜水開始喝起，整個身體被喚醒，整個喉嚨被滋潤，多年來的這個習慣，讓皮膚變得更好，外表顯得更年輕；微習慣多半能堅持下去，很多的習慣很小，卻有很大的作用。最近決定要到操場跑步，剛開始還巴望下雨停跑，養成習慣後，竟還能欣賞撐傘在雨中慢跑的美感。

〉〉〉賺錢是個人最大的綜合實力

一群不再滿足單一職業的生活方式，而選擇擁有多重職業和身分的多元生活的人群就是斜槓人生，其種類有五：（a）興趣愛好加上穩定收入、（b）左右腦組合、（c）

腦力加上體力、（d）寫作＋演講＋教學＋顧問（完美的循環）、（e）一項工作多項職能等。只要有非常全面和綜合能力且涉及不同的職能就能開啓斜槓人生；Angie 大聲呼籲：「賺錢才是一個人最大的綜合實力」。

CHAPTER 11
教練基本功

當「Coach」這個字眼出現在百貨公司時，就會想到低調奢華的「名牌包包」；出現在圖書館時，會想到童話故事中的「南瓜車」；出現在各種比賽場地時，會想到苦口婆心的「教練」；出現在辦公室時，會想到老板著臉的「主管」……等。很多人都以為：「很會做事的人一定也很會教人」；其實不然，會做事是一回事，會教人又是另一回事，教練是一門火辣辣的顯學。這是個「人人需要教練」的時代，這也是個「好主管就是好教練」的時代。

〉〉〉 好教練的基本功

運動場上的教練或商場上的主管，通常都熟悉親自下海操刀的五步驟，號稱「教練的外功」如：告知（Tell）、示範（Show）、嘗試（Try）、觀察（Observe）、回饋（Feedback）；也就是「說給你聽、做給你看、請你試試、看你做做、指指點點」，手把手地帶著選手或部屬練基本功，希望一開始就把馬步蹲得四平八穩，才能立於不敗之地，他們都篤信：「Only Basic, No Magic」。

但有些天才選手或部屬以爲靠著天賦就可以吃一輩子，不願意吃苦練基本功；有些懶惰的教練或主管迷信明星選手或空降部隊，以爲只要高薪買天賦就可成爲贏家，教練的外功成爲必要之惡。

資深的教練和選手或主管和部屬，會在日常的教練流程和教練技巧中互動，號稱「教練的內功」，如：彼此先用傾聽的技巧將「意圖和衝突」做一個妥善的連結，

其次再用詢問的技巧聚焦在「目標」上，然後用各種事實的激發技巧啓動「行動方案」，最後用肯定的心態去不斷地要求「執行成果」；教練的內功可在矩陣中激盪出一條最有效率的對角線；把選手或部屬從起點，經過最有效率的途徑，到達終點。

登恩・許樂在美國NFL的32年教練生涯（1970~1995年）中，共贏319場正規球季比賽、1972年17場全年全勝、6次打進超級盃冠軍決賽；肯・布蘭佳是國際知名的企管顧問，運用 Listen 和 facilitator 的技巧挖出許樂的祕訣：堅定理念（Conviction-Driven）、精益求精（Over learning）、隨機應變（Audible- Ready）、行為一貫（Consistency）、誠實至上（Honesty-Based）；這五個行為及概念，各取其英文頭文字，可組成 COACH 一字，堪稱是「教練的心法」。

〉〉〉 職場必備的壓箱寶

職場上偶爾會傳出同業用較高的薪水也挖不走某個主管的人？當然前提是不能薪水不能差異太大；事後了解部屬的心聲：「這個主管肚子裡有東西，很值得我們學習！」也有聽說以前的老長官突然登高一呼說是發現新商業模式，竟有已位居高位的舊部屬願冒險跟著去創業？事後了解部屬的心聲：「這個主管不藏私，有心肯教我們！」原來「有料可學、有心肯教」的主管可以吸引眾多的粉絲！

職場上有些部屬頗有自知之明，認清「沒有人可以萬事通」，碰到不會的事情就趕快找人教，沒人教就自己學；有有些部屬認清「有些事，沒有人天生就懂，有時候連主管也不懂」，就趕快去查 wiki、問 Google、請教智慧老人……等。原來「不會就學、不懂就問」的部屬可以贏得眾多主管的青睞！大部分的職場人士，一方面是別人的部屬，一方面又是別人的主管，同時身兼雙重身分，

「有料可學、有心肯教」和「不會就學、不懂就問」應是
職場人士必備的可貴壓箱寶了（圖 11-1）！

　　二千多年前的孔老夫子就提出「因材施教」的作法，
視學生資質之不同，雖然問的是同一問題，卻給不同的答
案；近代的管理學者保羅・赫塞（Paul Hersey）則提出「情

圖 11-1　職場必備的壓箱寶

不會就學	有料可學
・拜師學藝 ・工作中學習 ・上補習班、eTutor ・自學能力 ・**不學就不會**	・作業流程清楚 ・專業知識豐富 ・系統性思考解決問題 ・隨時吸收最新的資訊 ・**滿肚子的學問**
不懂就問	有心肯教
・路在嘴上 ・找教練問（同事） ・找導師問（主管） ・問問題的能力 ・**不問就不懂**	・在會議場合展現專業 ・發現問題，馬上教導 ・辦研討會，發表心得 ・主動修正作業流程 ・**不留一手**

好部屬和好主管

境領導」的理論，視部屬不同的發展階段給予不同的指導方式；東西方的學者所見雷同。將兩者的精華濃縮成下列的說法：每一部屬可依其工作能力（專業，一般）和意願（動機，信心）高低的組合，分成四種類型；主管可依不同類型的部屬，靈活調整自己四種不同的教導方法（胡蘿蔔和棒子）去相互配合（如表 11-1）：

表 11-1　不同部屬用不同教練方法

工作指導＼部屬類型	毫不熟悉		半生不熟		時好時壞		熟練認真	
	主管	部屬	主管	部屬	主管	部屬	主管	部屬
績效範圍	辨識		設定		討	論	設定	界定
任務重要性	説明		解釋		分	享	分	享
目標	設定		設定	意見	厘清	設定	資源分享	設定
行動計畫	發展		示範	演練	協助	發展		勾劃
督導方式	訂定		要求	遵照	討	論	要求	擬定
信心	表達		表達		表達		表達	
主管教練	下指導棋		雙管齊下		支持鼓勵		放開雙手	

>>> 生活教練

生活教練（Live Coach）根據國際教練聯盟（International Coach Federation，簡稱 ICF）解釋：「主要是在幫助生活健康的人，展開行動力，以改進目前生活，實踐未來計畫」；在 1994~2003 年期間，約培養了 5,000 名生活教練，號稱將是 21 世紀最熱門的專業工作之一；《今日美國》（USA Today）的一項統計：「會去看心理諮商師的，有 70％是女人；但想要找生活教練的，有 60％是男人」；但依一般人性而言：「經濟景氣時，會自信到誰的話都不聽；經濟不景氣時，則會自尊到不聽誰的話」。而華人特別彆扭，凡事往肚裡吞，家醜絕不外揚，也不願聽人說教；想要在華人世界當一個生活教練有一定的難度。

生活教練不是心理醫師或諮商師、教育訓練者或老師、精神導師或好朋友；而是助人到達目的地的馬車、汽車、飛機或火箭等，最恰當的形容是因時順勢而生的

「生命夥伴」。因為專業，必須收費；因為收費，必須超值；要讓賈伯斯掏腰包付錢可不是容易的事！培養自我觀察的能力，重點在信任和專注；提高自我抽離的境界，重點在我執和情緒；勝任多重角色的需求，重點在父母與主管；一個好的教練是活出來的（being），不是做出來的（doing），「無招勝有招」是最高境界，彼得‧聖吉的五項修練可供參考。「傾聽」（Listen）和「引導」（Facilitate）是兩大基本功，除了用耳朵聽以外，還要用心和眼，最好還能聽出弦外之音；不直接提供答案和解決問題的方法，而是以有效的發問來引導大家往正確的方向走，自己去找回自主權；以前的主管很擅長解決問題，以後的主管要很會問問題。

〉〉〉 生命管家

「管家」，通常是指女性，負責全家大小事，從吃飯洗衣到宴請賓客、從一屋子的清潔整頓到安全防衛、從

全家人之起居到雞飛狗跳⋯⋯等，洋人叫 Housekeeper；
聖經裡也有「作神百般恩賜的好管家」的說法，塑造出一
個對主人忠誠又有見識的好管家的形象。至於一些土豪劣
紳請個歐洲管家來炫富，付出百萬年薪想要換得皇家般的
服務，實在是不敢恭維。

從生活教練升格為生命管家，從生活目的的釐清到
生命意義的確認，若能協助職場人士儘早敲定「座右銘」
及「墓誌銘」；大家都能問心無愧地「活在座右銘中、躺
在墓誌銘下」，就不枉此生了！猶記得小學禮堂兩旁的一
幅對聯：「生活的目的在增進人類全體之生活，生命的意
義在創造宇宙繼起之生命」！

CHAPTER 12
帶領新世代人

　　所謂的「世代」是指在某一段時期內出生，具有代表性和影響力，值得深入探討的一群人；世代的分類五花八門，有依特色分為橘色、寬鬆、酷老、千禧、創客世代；有依英文字母分 X、Y、Z 世代；台灣用民國紀元分四、五、六、七、八、九年級生；中國用西洋紀元分 50 後、60 後、70 後、80 後、90 後⋯⋯還有 00 後；最厲害的是現代行銷專家把同溫層族群的年齡、思考、態度、個性、行為⋯⋯等特徵聚焦成一個字：銀、崩、厭、同、滑⋯⋯等世代，就這樣蹦出來。國際所公認的戰後嬰兒潮（Baby

Boomers，1946~1964），現在已面臨退休潮；中國古詩則有「江山代有人才出，各領風騷數百年」的說法。

〉〉〉世代交替，五代同堂

　　傳統的世代觀是以 30 年為一世代，但隨著科技的進步，溝通方式的多元，尤其是年輕人喜歡玩通關密語，聽不懂者就是非我族類，世代的期間因而愈縮愈短（30 年 → 10 年 → 5 年）；世代交替加速，五代同堂變為可能，形成職場老少配的新顯學。以辯論技巧聞名的美國政治家史帝文生（Adlai Stevenson）大聲疾呼：「某個世代看來荒謬絕倫的事，往往是另一個世代看來智慧無雙的表現。」希望大家能尊重不同世代的特色。

　　美國心理學教授珍‧湯姬（Jean M. Twenge）則分析累計 60 年、超過 130 萬人次填答的問卷資料，發現 30 歲以下的年輕人有個共同特徵——極端自我，因此稱他們

160

爲 Generation Me 或「Me 世代」。他們會要求個人的空間、追求物質的享樂、希望有平等的發言權、更期待有自主權可回應快速的變化;「屌、爽、幹」常掛嘴邊,抗壓性低?責任感差?執行力無?私事多!動不動就請假!說不幹就不幹!簡直一無是處,但他們勇於表達,敢於創新,享受失敗,相信有一天會追到一隻獨角獸;他們有的是時間,青春就是本錢,這條紅線剛好畫在 30 歲上。

新世代人大都透過手機和電腦在網路上進行溝通,爲了爭取時間,講究時效,在不變換螢幕畫面的前提下,所有鍵盤上的 Keys(英文字母、注音符號、數字、icon、中英日諧音……等)全部派上用場,兜成「火星文」如:「5 作此 Letter,淚珠和筆墨齊!ㄅ能竟書 2 欲擱筆,又恐汝ㄅ察 5 衷,謂 5 忍舍汝 2Die……」,眞令人無法領教;最近流行「中文 English 夾著 say」的「晶晶體」,則令人不敢恭維;至於把神聖的「唵嘛呢唄咪吽」變成討債咒語(All Money Back Me Home),簡直匪夷所思?而在台灣住得過久的新移民竟能說出「挖喜逮丸郎」(台

語），就令人耳目一新；職場主管必須使用新世代的語言，才能跟部屬進行有效溝通了。

〉〉〉 新創小微，百年老店

這是一個「大眾創業，萬眾創新」的時代，世界經濟論壇（WEF）公布 2018 年全球競爭力（環境便利性、人力資本、市場及創新生態體系）報告，台灣排名為全球第 13 或亞洲第 4，與德國、美國、瑞士並列為「超級創新國」；到處充滿對抗式學習、破壞式創新、顛覆性科技，上焉者創造事情發生，普通人看著事情發生，下焉者不知道發生什麼事？很多 30 歲以下的年輕人都已身兼多家新創事業的 CEO，40~50 歲的人也躍躍欲試，有個 65 歲的被退休人員還想投入這個戰場。

新創企業通常是三五好友，只因臭味相投或有志一同，憑著一兩頁的企畫書（Business Plan）就開始募資

（Crowd funding）搞起來（Start-Up）成爲創客（Maker）一族，創辦了「小微企業」；其實這就是以前的爸爸媽媽店或家族企業，在中國叫個體戶或單幹戶；很多的小微企業因（1）資金較不足、財務調度不易，（2）生產和研發投入不易，（3）管理人才與行銷人才較不足夠，（4）易面臨技術僵固性，（5）交易成本較高等因素而灰飛煙滅；但也有些因靠著（1）生產力高，（2）員工流動率低，（3）技術背景較高，（4）能快速反應顧客所需，（5）具有創業精神且勇於接受挑戰而發展成中小企業、獨角獸企業、隱形冠軍、集團企業等（如表 12-1）；目前全球的十大獨角獸有字節跳動、Uber、滴滴出行、WeWork、JUUL Labs、Airbnb、Stripe、SpaceX、Epic Games、Grab等。

一家企業通常要經過 4~5 個世代的傳承，才能破百，他們喜歡說：「僅此一家，別無分店」；強調「百年老店，創新求變 唯有味道，衷心不變」；以百年的信譽及品質行銷全球，絕對值得信賴！日本人嚴謹、執著、追求極致

表 12-1　企業變身一覽表

企業類別	名稱	定義	內容說明	備註
新創企業	Start-Up	成立 <42 個月	處於創立期或成長期的企業	New Venture
小微企業	SLE	小型(10人以下)微利	自我雇佣(包括不付薪酬的家庭雇員)個體經營的小企業	Small Low-profit Enterprise
中小企業	SME	員工(100~200人)資本額(8,000萬元)	依法辦理公司登記或商業登記 家數：約 143 萬家	Small Medium-size Enterprise
獨角獸企業	Unicorn	未上市 未滿 10 年 市值 10 億美元	2013 年底，風險創投專家艾琳·李(Aileen Lee)在一篇文章中提出後風行於創業界	科技創業公司
隱形冠軍	Hidden Champions	市占率世界 No.1~2 年收入 <10 億美社會知名度低 "	赫爾曼·西蒙於 1986 年首先提出的愛因斯坦的公式，A＋B＋C＝成功 勤奮＋智慧＋閉嘴＝不談論成功	德國喻為散落在各地的珍珠
集團企業	Group Company	以資本為聯結紐帶以母子公司為主體以集團章程為規範	由母公司、子公司、參股公司及其他成員共同組成的企業法人聯合體。指擁有眾多生產、經營機構的大型公司。"	以台灣為活動範圍的企業集團有 64 個子分類
百年老店	Forever	歷史超過100 年傳承 4~5個世代	信譽及品質絕對值得信賴	李鵠餅店 莊松榮製藥廠 中華電信

資料整理：顏長川

的性格，創造出獨特的「職人文化」，讓日本企業的經營壽命比其他國家更長久，使日本百年老店的數量全球排名第一；台灣雖是彈丸之地，但也產生不少的百年老店。

〉〉〉 新經理人，改頭換面

所謂的「新經理人」是指新世代的經理人，他必須以「正向心態」面對 5G 的百倍速時代，具備「新 3C」的觀念（將變化帶來的考驗視同機會），熟知「6 字真言」的心法（能跨敢變夠快）；能夠把「vs.」變成「＋」，熟悉工作三步驟，背誦經營五字訣，做對管理六件事，精煉領導 12 修練。換個通俗的說法就是打通任督二脈，勤練降龍十八掌，瞬間吸收一甲子功力，十八般武藝樣樣通。

新經理人要帶領新世代人有相當的難度，30 歲以下的年輕人應都是數位原住民；除了要摸透他們的五大特性

（個人的、物質的、享樂的、平等的自主的）外，還必須盡量使用最新的 e 化及 m 化的溝通工具（iPhone 10、Samsung Note10+、華為 5G 手機……等）；最後也是最重要的是非正式溝通的技巧：聚餐應選在他們的餐廳（CAMPUS CAFE）、唱他們的歌（最新排行榜前 10 名）、用他們的語言（火星文）、甚至還會撂一些（撩妹金句），若能再露幾手魔術就更完美了；可以把他們的心全部收買，形成大家都是同一國的共識。

〉〉〉 職場老少配

五代同堂的職場會產生「職場老少配」的問題；最正常的情況是年長主管（4、5、6 年級）帶領年輕部屬（7、8、9 年級）的問題，也就是「如何帶領新世代人」。年長主管最需要讓年輕部屬有參與和溝通的機會，並以經驗、專業做指導和教練；年輕部屬則要站在年長主管立場看問題，並保持熱情與投入去學習與成長；兩者都需基於

夥伴關係，彼此攜手共創績效。

比較特別的狀況是年輕主管（7、8、9年級）帶領年長部屬（4、5、6年級）的問題，這個問題早已實際發生了；年輕主管最好能體諒年長部屬的數位落差（Digital Gap），最好能用書面或口頭和年長部屬溝通，同時以尊重、關懷的心態對年長部屬做支持和授權；年長部屬則需站在年輕主管立場，去貢獻自己的經驗與智慧；兩者都需基於夥伴關係，彼此攜手共創績效。

身為主管（不管年長或年輕）：「向下傾聽、不恥下問」是基本動作；「加強領導、精實管理」是攀爬職涯天梯的兩把刷子；「有料可學、有心肯教」則是好主管的兩大特徵；身為部屬（不管年輕或年長）：「向上溝通、虛心請教」是基本動作；「極大績效、挑戰目標」是超越目標的兩大心態；「不會就學、不懂就問」是好部屬的兩大特徵。因此，職場上的世代根本不是問題，一切需回歸基本面：順暢無阻的溝通、靈活運用的激勵、

教學相長的教練行爲、水乳交融的夥伴關係才是硬道理，

誠如行家所說：「NO MAGIC, ONLY BASIC」。

圖 12-1　回歸管理基本面

和諧運作

主管
（年長或年輕）

向下傾聽，不恥下問
加強領導，精實管理
有料可學，有心肯教

部屬
（年輕或年長）

向上溝通，虛心請教
極大績效，挑戰目標
不懂就學，不會就問

其樂融融

世代非問題

順暢無阻的溝通
靈活運用的激勵
教學相長的教練行爲
水乳交融的夥伴關係
高績效／高壓力

回歸基本面

瞬時競爭力

CHAPTER 13
秒傳商場智慧

　　很多早期的鄉下小學有依家境分「放牛班」和「升學班」的潛規則，大學則有依成績分為「前段班」和「後段班」的說法；放牛班和後段班的學生，一畢業就投入職場去打滾求生存，混身是「街頭智慧」；升學班和前段班的學生則多出國深造，繼續讀博碩士，充滿了「讀書智慧」。經過多年奮鬥之後，聽說回母校捐贈獎學金、蓋校舍、實驗室、體育館……等的人，大都是放牛班和後段班的學生，令人不得不興起這樣的疑問：「到底街頭智慧和讀書智慧哪個重要」？寧夏夜市居然有三家登

上 2019 米其林推介名單,這些夜市的街頭小霸王若能接受正規學校訓練的「馴化」,將理論和實務結合,展現出多采多姿的夜市人生,就可給出答案:「兩者都重要」。

〉〉〉 讀書智慧 vs. 街頭智慧

好壞學生的界定多半是以學校的成績為主,讀書成為現在學生唯一的目標。「讀書智慧」靠的是苦讀和記憶,用 Power point 來整理重點卻不瞭解其後的「意義」,說句難聽話就是「書呆子」。志願或被迫提早進入職場者需要「街頭智慧」,靠的是觀察與詮釋,聽故事新聞,總是能從其中詮釋出機會與意義;如果能在 1 分鐘內在街頭不用投影片,抓住重點與人談論博碩士論文,就是「街頭智慧」;如果 30 分鐘還簡報不完,就是「讀書智慧」。藉著調適兩者的恰當比例,在商場成就一番事業者則具有「商場智慧」(Business Sense)。

盧希鵬教授舉人類和猴子為例，人類發明了「學校」、「課本」、「考試」，讓教育「聚焦」在分數上，最後取得博士學位的人大都戴上眼鏡；猴子在叢林中求生存，需要「周邊視野」，隨時掌握天敵和獵物，所以猴子不需要戴眼鏡。猴子喜觀察、愛玩耍、敢夢想、靠直覺、講行動，累積相當的「街頭智慧」，具有「周邊視野」，才能在叢林中悠哉悠哉；人類有美學、能規劃、重道德、會創新，累積相當的「讀書智慧」；達爾文的進化論說：「人是由猴子變來的！」好像有點道理。博士的「眼鏡」似乎該丟了！

有些博士政客花 20 年取得「讀書智慧」，未取得半點「街頭智慧」就直接從政，表現無法令人滿意；有些商人僅有 6 年的「讀書智慧」，卻有 70 多年的「街頭智慧」，成為商場大亨。一定要花那麼多年的時間才能取得商場智慧嗎？能不能「秒傳」？有人說他就是天生的讀書胚子，也有人說他生來就是要做生意的，還翹著尾巴說：「生意囝仔難生！」「秒傳」也就是「瞬間傳輸」，其實都是「速

度問題」。

〉〉〉唯快不破

　　科技呈現指數型發展，人卻活在線性世界中；社會已經進入一個快到令人目眩神搖的地步；湯馬斯‧佛里曼（Thomas friedman）提出「世界是平的」、「世界又熱又平又擠」、「世界是快的」……等概念；從陀螺般不斷旋轉加速的人生中，暫停、反思是一項美德；用「想像力」和「創新力」彌平因加速所產生的鴻溝；認為年輕人需要更多的 3R（Reading、wRiting、aRithmetic），和更多的 4C（Creativity、Collaboration、Communication 和 Coding）去爭取新的工作；在緊繃的加速過程中，不妨喘口氣：「謝謝你遲到了」。

　　當今最具爭議性，讓消費者和投資人又愛又恨的公司和負責人非「特斯拉」（Tesla）的「馬斯克」（Musk）

莫屬，馬斯克的承諾不斷跳票，還能得到信任？ Model3
深受消費者喜愛，預售的訂單如雪片般飛來，交車成爲一
場可怕的夢魘，完全在考驗消費者的耐性；唯一解是能變
出一座年產能 50 萬輛的汽車廠。馬斯克居然能打破中國
「技術換市場」合資廠商的硬規則，取得上海浦東新區臨
港一筆 86.5 萬平方米土地使用權，三個月就開工，以光
速（不到一年）建廠、驗收、投產？解了交車的燃眉之急，
簡直是天方夜譚！

　　三星 CEO 尹鐘龍有一個「生魚片理論」：從海裡撈
到了一條珍貴的金槍魚，第一天能以很高的價格賣到一流
的餐館，第二天能以一半的價格賣到二流的餐館，第三
天就只能以四分之一的價格賣給三流的餐館了，到了第四
天，再低的價格也沒人買了。在日新月異的今天，時間對
於資金、生產效率具有直接的影響。

　　速度經濟（Economy Of Speed）講究的就是「Time
to Idea、Time to Product、Time to Market、Time to

Volume、Time to Money」；有位智慧老人的經驗談：「看到是光速、說到是音速、做到是時速」；執行速度成為關鍵成功因素之一（KSF）。

〉〉〉 快還要更快

　　幾十年前，在台灣申請一張信用卡，從填妥申請書附上必要的證件及所得稅單副本交給發卡行後，經過審核、徵信調查、製卡、發卡……等流程、標準作業時間是七天，多年來成為業界不可更改的鐵則；直到有家發卡行，精簡所有作業流程，花費巨額廣告費，大打「三天快速發卡」，大有斬獲，掀起信用卡的流程大戰；有家發卡行乾脆把整個流程 Upside Down，居然可以隔天發卡；現在在網路上申請，只要 10 分鐘就可發卡！記得以前打電話外送 Pizza，可獲 30 分鐘送到家的保證，機車上的保溫箱還有大大的「計時顯示」，真是在「與時間賽跑」。至於蓋一棟耐震 9 級且防霾害的 30 層大樓只要 15 天，

真可說是匪夷所思。

F1 賽車的常勝軍法拉利車隊，把決戰點擺在「進站維修」上；其他車隊的賽車手每次進站需要 10 秒以上，法拉利的舒馬克只需要 7~8 秒；舒馬克拿過 7 次世界冠軍，有「車神」的封號，他的獲獎感言：「法拉利車隊的成員都是最優秀的，他們才是真正的世界冠軍！」法拉利車隊雖已身經百戰，仍以嚴格的紀律、專業的態度面對每一場比賽；賽前一天，維修組進行 50 次維修演習；加油手作賽前 120 次插拔加油槍的練習；藉著優秀的團隊合作與強大的執行力，法拉利車隊曾把進站維修的紀錄推進到 3 秒鐘！

金融業運用虛擬貨幣把國際匯款流程從 3~5 天縮短為 3~5 秒、貿易融資交易運用區塊鍊把流程從 7~10 天縮短為 4 小時；Adidas 則運用極速工廠量腳訂做客製化球鞋，將手工改為自動化，天數從 45 天縮短為 1 天，人數從 300 人縮減為零；台灣的各工具機業及相關業者，無

私地組成國家隊，把架設一條口罩生產線的工期，從 4~6
個月縮短爲 1 個月，揚名國際！各行各業求快的驅動力，
似乎永無止境。（如表 13-1）

表 13-1　各行各業求快一覽表

項目	內容說明	過去	現在	備註
匯款	國際匯款流程	3~5 天	3~5 秒	虛擬貨幣之運用
貿易融資	交易流程	7~10 天	4 小時	區塊鏈之運用 繁複、冗長、大量文書 - 快遞、貨運 簡便、安全、快速
極速工廠	客製化球鞋（量腳訂做）	45 天 300 人	1 天 0 人	手工 自動化
口罩生產線	集合各領域專家	4~6 個月	1 個月	無私成立國家隊
中共肺炎	檢測病毒抗原，以抗體檢測	4 小時	15 分鐘	中央研究院研發，全球首例
機場通關	證照查驗	15 秒	10 秒	桃園國際機場
銀行開戶	流程整合和控制	20 分鐘	40 秒	機器人流程自動化
F1 賽車	進站維修（停車，加油，換胎，調整）	8 秒	3 秒	賽車手＋車隊 嚴格訓練、專業態度 團隊精神、合作無間

〉〉〉 秒傳商場智慧

工業 4.0 不再是概念，它已經是實踐。它不是未來，它已經是現在。BMW 客製化汽車：58 秒、西門子客製化控制器：58 秒、奧普蒂瑪客製化一瓶香水：58 秒。單機於 58 秒內製造完全不同的產品，宣告工業 4.0 帶來客製、高效；但工業 4.0 不等於自動化，而是商業模式的徹底改變。今後將不再有製造業，而是製造服務業——從研發設計到生產交貨，生命週期的全程服務。想要在各行各業勝出，達到產業標準（Industry average）是起碼的要求，繼而要超越商業標竿（Business benchmark），最後不斷地精益求精，挑戰巔峰，成為人人尊敬的教父（Godfarther）。（如表 13-2）

一個有 20 年「讀書智慧」＋ 40 年「街頭智慧」的智慧老人，有鑑於上述各行各業對「速度」的不妥協、將 60 年的商場智慧濃縮成 3 天的訓練課程，用最有效率的方式，分享給職場人士；讓學員像喝濃縮雞湯一樣，一喝見效，瞬間傳輸（秒傳）一甲子的功力。

表 13-2　各種商場智慧與技巧的時間標竿

項目	時間	內容說明	備註
執行力	0 秒	即斷即決即實行	瞬間執行力
優勢力	2 秒	利用演算交易系統，進行更準確的預測	即時和預測系統
決策力	4 秒	成功者讓任何工作變輕鬆	最成功的人如何做出好決定
職場價值	5 秒	思考並決定工作中的問題	全部或大部會被 AI 取代
第一印象	7 秒	取決於雙方見面的前 7 秒	沒有第二次機會創造第一印象
即答思考法	10 秒	「立即表達」自我想法，言之有物	答客問（速讀、慢讀、模仿消化）
電梯簡報術	15 秒	話引、重點、結論＋GTC 筆記術	不用筆電，沒有投影機
開場白	30 秒	個人故事，發人深省的問題，名言……等	事實或數據
競爭	58 秒	單機於 58 秒製造完全不同的產品	工業 4.0
正能量	59 秒	扭轉人生、啟動正能量	行為科學領域
驚人學習法	1 分鐘	不熬夜，不死背	睡前
超強記憶法	1 分鐘	掌握短、長期、單純、影像等四種	提升理解力、注意力、記憶力
經理人	1 分鐘	目標，讚美，斥責（第一時間）	肯‧布蘭佳的一分鐘系列
做人智慧	3 分鐘	戳破性格盲點，讓你變身人氣王	贏得人心的做人智慧
商場智慧	3 天	3 天精英培訓計畫	由負轉正，當責不讓，求變創新
做事態度	7 天	時間管理、高效學習、職場加速和處理壓力	戰勝拖延症
習慣說	21 天	連續執行 21 天	養成好習慣，革除壞習慣

CHAPTER 14
建立瞬時競爭優勢

　　德國文豪歌德說：「決定一個人的一生以及整個命運的，只是一瞬之間。」人一生重複最多次的不是呼吸而是念頭，多數人一生起心動念的次數超過百億次；人生最重要的事，就是管好自己的念頭，所謂的「一念天堂，一念地獄」。台灣佛教總會永久名譽會長如本大和尚說：「1秒鐘有4彈指，1彈指有60剎那，1剎那有900念頭……」印證上述念頭的說法；「瞬時」是指極短暫的時間，職場人士要如何建立「瞬時」競爭優勢？除了靠平時所下的基本功外，若能得主管、教練、導師、貴人、智慧老人……

等人的「啟蒙」、「灌頂」、「灌能」、「給力」，而「開竅」、「頓悟」，不亦快哉！

〉〉〉懂得取捨，徹底聚焦

麥可‧波特以競爭策略著稱，他認爲企業係透過競爭策略和經營效能創造出高績效；「競爭策略」就是在有正確的目標下勇敢前進，要知道何者可爲？何者不可爲？懂得取捨（Trade-off），一旦選定就徹底聚焦，創造別人無可取代的地位；競爭的終極目標是「沒有競爭者，在同業中是獨一無二的」。

麥可‧波特認爲一個行業中的佼佼者具有「競爭優勢」。若在藍海中，可採「高價格策略」，靠著精良的客服中心和銷售團隊進行精準行銷，價格就是比同業貴（Premium），客戶還是買單。若在紅海中，可採「低成本策略」，靠著規模經濟和最佳實務，可進行割頸競爭，

刀刀見血；若在同業虎視眈眈中，可採「差異化策略」，優化產品、服務和流程，顯出與眾不同的特色，讓客戶覺得物超所值。

普拉哈拉德（Prahalad）提出「核心競爭力」（core competence）的概念，就是在相同條件下，公司比其他同業可以取得更好的成績！每個企業都有其核心能力，可能是製造、可能是行銷、可能是研發，只要是核心能力可以延伸的領域，就是發揮的比較好的地方；或者更高竿一點，公司累積了同業競爭者所沒有的能力，成為一種競爭優勢。很多人都有一個很嚴重的錯覺，總以為一家企業一旦具有核心競爭優勢之後，就可永遠立於不敗之地，躺著幹就可以了。

>>> 永久 vs. 瞬時

麥奎斯（Rita Gunther McGrath）撰寫的《瞬時競爭

策略：快經濟時代的新常態》被評爲 2013 年最佳商業著作的第一名，而她本人也被評選爲 2013 年全球十大管理思想家，並獲頒最佳策略獎。她認爲企業不能再繼續依賴持久優勢，一直耽溺在舒適圈，會使自己陷入困境，甚至導致滅亡。其實她的主要論點是「穩定不是典範，變動才是常態」、「踏進競技場勇敢做跨業競爭」、「學變形蟲快速伸出僞足抓住機會」；如果把她的論點濃縮成三個字就是：「跨！變！瞬！」

跨界──華碩公司的變形電腦（電腦、平板、手機三合一）等深受消費者的喜愛；「跨」字可說是目前職場上最火紅的 buzzword 如：跨國、區、界、領域、校、科系、專業、文化、性別、媒體、黨派、部門、平台、世代……等，職場人士不得不大嘆一聲：「怎一個跨字了得？」變局──柯達相機和 Nokia 手機面對千變萬化的科技，卻依然自我感覺良好，不知應變而灰飛煙滅，是膾炙人口的前車之鑑。瞬時──企業若能將「持久的競爭優勢」轉化爲「瞬時競爭優勢」，可迎接任何的挑戰；而職場人士若能

讓智慧老人打通任督二脈並傳輸一甲子功力，瞬間取得競爭優勢，不亦快哉！

在物聯網的世界，因為「人、機、網」全部串聯在一起，分分秒秒相互交叉衍生之資料猶如恆河沙數或宇宙繁星般的浩瀚無邊；這年頭將會碰到許許多多千奇百怪的問題，誰都沒經驗？沒有人知道怎麼做？只有靠自己的想像力，運用人工智慧從各種知識庫爬梳出一個模型來，經過各種演算後，可找到一些蛛絲馬跡，然後不斷地試誤，希望能在最短的時間找到正解；人腦的自我學習加上電腦的機器學習的能力，可以創造「瞬時競爭優勢」。

〉〉〉建立瞬時競爭優勢的六大步驟

職場魯蛇（Loser）想要翻轉成職場溫拿（Winner），或職場溫拿（Winner）想要蛻變為新經理人（New Manager），需要平常就循下列六大步驟痛下苦功，碰到

千載難逢的挑戰或機會時，才能建立瞬時競爭優勢，永久
立於不敗之地！

① 轉正 N2Y 心態：省思負面思考，肯定正面威力，
由負轉正（from No to Yes）。

② 填妥「新 3C 觀念的九宮格」：各行各業宜發展
一張九宮格，可隨時更新。

③ 記住 6 字箴言：能跨、敢變、夠快。

④ 打通任督二脈：管理能力和領導魅力，會管理也
會領導。

⑤ 勤練降龍十八掌：做對六件事 + 十二項自我修練。

⑥ 傳輸一甲子功力：讀書智慧 + 街頭智慧 = 商場智
能。

表 14-1　兩把刷子，12 項修練＋ 6 件對的事

兩把刷子	
管理能力（做事）： 作業面	領導魅力（做人）： 策略面

12 項修練	
1. 專業	7. 人脈管理
2. 電腦	8. 健康管理
3. 語言	9. 財富管理
4 能説	10 提案力
5. 會寫	11. 執行力
6. 時間管理	12. 持續力

6 件對的事	
1. 複製對的主管	4. 輪調對的位置
2. 建構對的平台	5. 教練對的方法
3. 甄選對的人才	6. 聚焦對的事情

表 14-2　建立瞬時競爭優勢之六大步驟

步驟	名稱	具體作法	工具	備註
一	調整心態	□負面思考的省思	《負面思考的力量》	負面思考不一定壞
		□建立信心	《鯨魚哲學》 Whale Done	肯定正面的威力
		□強調正面		
		□容錯轉正		
		□轉個念頭	調整 N2Y 的硬功夫	由負轉正（from No to Yes）
		□換個角度		
		□給個說法		
		□隨時切換		
		□逆轉勝		
		□精神勝利法		
二	活用新 3C 觀念	□千變萬化	新 3C 觀念的九宮格 《金融業的新 3C 時代》	各行各業都有一張
		□無數挑戰		
		□無窮機會		
三	記住 6 字箴言	□梅迪奇效應	能跨	發揮 1+1>2 的綜效 一人可抵三人用
		□斜槓族		
		□閱讀以改變自己	《敢變》 智慧老人讀書心得分享會	一周一書，永不服輸。有書有贏，吾願無悔
		□求變		
		□速度經濟學	夠快 《5G 時代大未來》	唯快不破
		□5G 的百倍速時代		
四	揮灑 2 把刷子	□管理能力	管理能力 vs. 領導魅力 《不瞎忙自我管理術》	攀爬職涯天梯
		□領導魅力		

步驟	名稱	具體做法	工具	備註
五	勤練18項商場技能（勤練降龍18掌）	□複製對的主管 □建構對的平台 □甄選對的部屬 □輪調對的位置 □教練對的方法 □聚焦對的事情	《做對六件事》	6R
		□專業 □電腦 □語言 □能說 □會寫	《進行十二項修練》	5大核心競爭力
		□時間管理 □人脈管理 □健康管理 □財富管理		4大資源
		□提案力 □執行力 □持續力		3大技巧
六	秒傳商場智慧	□會做事也會做人 □會管理也會領導 □會溝通也會激勵	「接受3天菁英訓練」	一甲子功力

資料整理：顏長川

★案例 14-1：天龍八部中的虛竹和尚

前旺旺集團之人資長｜周海波

作者這「瞬間傳輸一甲子的功力」與「能跨敢變夠快」，確實是擲地有聲的鏗鏘之言。使我想起金庸「天龍八部」中逍遙派的虛竹和尚，他原本師出少林但武功低微。在一盤珍瓏棋局中以「置之死地而後生」的心態，打破僵局，贏得逍遙子將其 60 年一甲子的功力瞬間灌入虛竹的體內。

虛竹功力大增，已經有了「能」。但因為來自於百年老店「少林寺」的思維深植其心，所以他一直抵抗而跨不出去。直到天山童姥的指導以及讓他有機會「身體力行」之後。虛竹終於跨出去這第一步，一旦跨出去，之後的「敢變夠快」，就有如打通任督二脈，很快就成了武林高手。

所以我想老或不老，只在心態不在生理。古人有云：天道酬勤；地道酬善；人道酬誠；商道酬信；業道酬精。這些道不在於年齡，在於最後一個字：精。所以我們經常把精與神合起來講，精神精神。有了精神自然就有了希望，有了希望就敢於奮發。因此變化、挑戰、機會以及產業、組織與個人就不再是個檻，跨過去就海闊天空，跨不過去就海枯石爛！

不管是中國大陸或台灣甚或世界的華人，不論在法律或觀念上，都習慣把 65 歲視為一個門檻，認為 65 歲以上就應該在家含飴弄孫。美其名為享清福，其實就是說我們已經沒有牙齒咬不動東西，所以該含飴就好。也就是說我們老了，沒用了！所以，心態永遠是戰勝生理的。也希望智慧老人永遠提供我們無雙的智慧，繼續讓我們的智慧成長。

CHAPTER 15
昇華人生管理師

　　金庸小說中武功最絕頂的高手之一的張三丰，在《倚天屠龍記》中曾將「太極拳」和「太極劍」傳給張無忌；《笑傲江湖》中的令狐沖則習得獨孤九劍的無招意境（無用之用），完全視對方招式而定，所以遇強則強；顯然高手間之武功傳授有其特有的心法、口訣。禪學中就有「守破離」的說法，在日本最先被用於修練劍道、花道、茶道、繪畫、烹飪、戲曲，甚至現代的經營管理、人材培訓各個領域；推而廣之，可應用於日常生活的每一個層面。而「斷捨離」號稱是能改變 30 萬人的史上最強人生整理術；若

能把兩種說法融合為「守破斷捨離」，它就是人生管理師的五字訣。

〉〉〉藤卷幸夫的「守破離」

藤卷幸夫 1960 年出生於東京，大學畢業後即進入伊勢丹工作，曾創辦新銳設計師雲集的「解放區」及「Le Style」和「BPQC」精選店，也曾以市調專家的身分在《朝日新聞報》寫專欄，成為一個知名的魅力採購員、演說專家、電視名嘴……等。他寫了一本有關「創意」的書──《「守破離」創意學》，只要學會書中所提的 3 步驟和 26 個提示，你就是一個創意人。

《「守破離」創意學》所揭櫫的學習重點有三：（1）「守」──一切盡量遵守教條，練習基本功夫直到熟練為止。這個階段專心學習一種實務，比學習各種理論重要；俗話說的：「樣樣通，樣樣稀鬆！」（2）「破」──開

始打破一些規範及限制，可以因地制宜靈活運用。這個階段開始思考理論，也會參考看看其他門派是怎麼做的，大破之後才能大立。（3）「離」——超越所有規範的限制，自立門派，見招拆招，達到「無招勝有招」的境界，也就是脫離過往，確立自己的風格。

此種「守破離」的說法，和學習一門技術的心路歷程類似，從茫然無知到知所不足，再到知所進退，最後是大智若愚，技術上身。「守破離」的循環也和「PDCA」的循環異曲同工，PDCA 的循環就是不斷更新，終至創新；「守破離」的三字口訣可化為工作或生活上的三個觀念如下：（1）回歸基本——學習任何事情，「蹲馬步」是基本功，絕不可省；老外喜歡說：「Back to basic」（回歸基本）；再說清楚一點：「Only basic, no magic」（腳踏實地，別想一步登天）。（2）跳脫框框——一般人很容易被「偏見」綁架，佛語叫「我執」；有的人會固步自封，甚至劃地自限。老外喜歡叫人：「Think out of box」（跳脫框框）。破繭或破殼有時會帶來破壞式創新。（3）自

成一格——學功夫者需先「走火入魔」才能「出神入化」；自成一格的人敢說出一家之言，老外是說：「Style」（風格）或「TOYOTA WAY」（豐田式），本書作者自稱：「藤卷流」。

〉〉〉山下英子的「斷捨離」

山下英子係日本早稻田大學文學士，自稱是「雜務管理諮詢師」，可能是全世界唯一的一個。主要的工作在建議、協助客戶重新審視布滿住宅中的物品，從自問和物品之間的關係開始，讓客戶丟掉現在的自己覺得「不需要、不舒服、不愉快」的物品，最後，住宅整理乾淨了，客戶也能順便和心中的廢物說再見。簡單地說她就是住宅和內心雜物的顧問。如果更精確的說法，「斷捨離」就是透過整理物品了解自己，整理心中的混沌，讓人生舒適的行動技術。換句話說，就是利用收拾家裡的雜物來整理內心的廢物，讓人生轉而開心的方法。

山下英子透過瑜珈習得放下心中執念的行法哲學「斷行、捨行、離行」，因而悟出「斷捨離」的人生整理術。「斷捨離」三個字分開來講就是「斷」＝斷絕不需要的東西；「捨」＝捨去多餘的廢物；而不斷重複「斷」和「捨」到最後，得到的狀態就是「離」＝脫離對物品的執著。它的重要思考模式就是永遠自問：「我現在最需要的是什麼？」行為模式則為「只要行動，心靈就會跟上腳步」，並非心靈改變了行動，而是行動為心靈帶來了變化。換句話說，斷捨離就是「動禪」。

　　日本 311 大地震後，實體災後重建工作以外，全國人民極需一個新系統反思人生，檢討過往所作所為。「斷捨離」叫人減少慾望、放下執著，跟當時社會氣氛不謀而合，被各界廣泛提倡，被譽為史上最強「人生整理術」，教授如何整理家居、生活，進而整理人生。收納是處理「加法」的學問、而「斷捨離」強調的是「減法」，清減負荷，從而達到「不整理的整理」。台灣商場充滿了免費的贈品，要拒絕免費品的誘惑已經很難，還要割捨花

錢買來也許有一天用得著的東西更難;台灣大賣場的「免費試吃」一字排開,可以讓人一路吃到飽,「斷捨離」對台灣人而言、具有相當的難度,有人用「斷+捨=離」來簡化它:「能斷能捨就是離」。

〉〉〉守破斷捨離

藤卷幸夫用「守破離」來管理創意,山下英子用「斷捨離」來管理雜物;「守破」是先守再破規範,「斷捨」是能斷又能捨雜物;最後,兩者共用一個「離」字,即脫離執著。「知名的魅力採購員」+「雜務管理諮詢師」=人生管理師;「守破離」+「斷捨離」=「守破斷捨離」(表15-1)。不要被眾人的品味侷限了自己的眼光和潛力,創意往往就在破壞之後的電光石火中產生;學習並實踐「守破離」的生活,打破自我設限的框框之後,人人都可以是創意人!

「斷捨離」會讓你花好幾個月的時間與物品面對面，
捫心自問：「這個東西，現在對我而言是否需要？」在分
類的過程中，同時也磨練了判斷力和果決力，工作效率
開始獲得提升。只是精簡物品，整頓「看得見的世界」；
不久之後，其影響也將擴及內心以及運氣等「看不見的世
界」，甚至它還可能帶來轉機！例如就業、轉業、創業、
結婚、生子……等，使人生完全改觀，頗有「柳暗花明又
一村」的感受。

表 15-1　人生管理師的五字訣

五字訣	說法	作法	想法	備註
守	回歸基本	蹲馬步練基本功	Back to Basic	Only basic No Magic
破	跳脫框框	Think out of box	大破大立 破壞性創新	破殼而出 破繭而出
斷	斷絕	不需要的東西	減法生活	斷尾求生
捨	捨去	多餘的廢物	少就是幸福	能捨能得
離	自成一格	脫離物品的執著	能斷能捨就是離	斷＋捨＝離

資料整理：顏長川

〉〉〉 人生管理師

　　人生管理師必須用人生策略來思考，內容包含工作、家庭、生活、理財、健康及夢想……等，以形成一套人生整理術；學校應該要教我們人生策略，而不是只教些專業技術。當你對人生及工作有夢想，自然會將爲了達到目標的專業技術學好，而不只是學習表面的東西，更不要老大徒傷悲。

　　先把自己的人生管理好，進一步可成爲別人的生活教練，甚至是生命管家。生活教練指引導人們制定生活目標，擬定具體實施計畫，並採取行動，幫助人們跨越到理想的生活狀態，以提高其生活品質的人群。「生活很複雜，也可以很簡單」，用最簡單的方式、最有創意的小訣竅，讓生活更便利。生命管家則認爲「生命教育」的核心價值所闡明的是：每個生命都是上天獨一無二的創造，都有其尊嚴與價值；並且這樣的創造絕非偶然，而是要去經驗更多生命，最高境界在求得「身心靈」的平衡。

CHAPTER 16
鍛造基業長青的
幸福企業

　　一家企業從創立到屹立不倒的階段，是曾經滄海桑田，總算能倖免於難存活下來。如何成為一家優秀公司去追求卓越？不外乎公司有核心價值、能說出公司存在理由和工作意義、敢追求天標、消除自滿、刺激進步、奔向公司願景；而要成為成功不墜、基業長青的企業，必須一方面能保持核心理念，另一方面還能不斷創新求變，化不可能為可能，對世界作出持久的貢獻。對那些歷久彌新的中外「百年老店」真是該按一百個讚；至於要成為幸福企業，就必須有佛心的老闆把員工當家人（We Are

Family）看待，進行無微不至的照顧，讓員工感到幸福過度。

〉〉〉 成功不墜，最適者再生

在自然界，達爾文（Darwin）發現「最適者生存」（Survival of the fittest）；在企業界，唐納‧薩爾（Donald Sull）卻發現「最適者再生」（Revival of the fittest）。在動態的經濟環境中，一家新創事業騰空而出，光速竄升為產業領導者，競爭者個個想取而代之，產業分析師對它讚譽有加，創辦人以公司新建大樓為背景成為雜誌封面人物。剎那間，景氣逆轉，公司受挫，業績不振，利潤下滑，淪為雞蛋水餃股。到底發生了什麼事？有人稱這種現象叫做「封面詛咒」，因為被推崇的年度風雲企業或人物，其內部的主管甚至員工，會因外界的掌聲產生自滿的心態，怠於向上提昇而逐漸喪失競爭力；真應了孔尚任《桃花扇》裡的一段話：「眼看他起高樓，眼看他宴賓客，

眼看他樓塌了。」

　　天底下沒有永恆不變的「成功方程式」，過去成功的經驗並不保證未來還能成功。像川普主政的美國創造了高度不確定的動態環境，政治、法令、技術、市場競爭、消費者需求都充滿了變數，再也不能靠一招半式就要闖江湖！其實企業界人人知道非變不可，但因應對策卻還是延用老套，甚至還加強力度，緊握住曾讓他們引以為傲的方式不放；即使已花大錢請顧問卻不採納顧問的建議，如果不打掉重練，很難跳脫「行動慣性的陷阱」。若從成功方程式是由策略、資源、流程、關係、價值所組成的觀點來看，那麼擬定策略、振興資源、改造流程、強化關係、重鑄價值都是可選擇的「著力點」。

　　當前企業最重要的策略就是要拋棄老把戲，打破日積月累的「行動慣性」，選擇最適的著力點才能確保轉型成功。亞里斯多德在兩千多年前就說過：「唯一不變的，就是變。」現代人習慣這樣說：「變是常態，不變才怪！」

應變＝靈活度＋耐力。每個著力點都有優缺點、風險、最適用和最能奏效的境況，請做出最明智的選擇。因此，選擇＝替代性＋判斷力。洞燭機先很容易，跳脫慣性很難；走在變革之前固然重要，掌穩轉型之舵才能永續。你的公司是暴起暴落的流星，還是基業長青的恆星？就看你是不是能做有效的轉型承諾？

〉〉〉基業長青，流星或恆星

　　詹姆・柯林斯（Jim Collins）用（1）處於所在行業中第一流的水準；（2）廣受企業人士崇敬；（3）對世界有著不可磨滅的影響；（4）經歷過很多代CEO的蹂躪；（5）也經歷過很多次的產品生命周期；（6）在1950年前創立等六個標準，從幾百家公司中篩選出：美國運通公司、波音公司、花旗銀行、沃爾瑪、迪士尼公司……等18家的基業長青公司。

基業長青公司的創辦人通常都是造鐘的人，而不是
報時的人；「造鐘」就是建立一種永久的機制，使得公司
能夠依靠組織的力量在市場中生存與發展，而不必依靠某
位個人、某種產品或某個機會……等，只是抓住某個時
機，偶爾「報時」一下。通常，基業長青公司在實踐中
能夠以「兼容並蓄」的融合法，活用到企業的變與不變、
陰陽互調、軟硬兼施、剛柔並濟，缺一不可。嚴格來說，
一家基業長青的企業，成也創辦人，敗也創辦人。

　　基業長青的公司在年初會設定膽大包天的「挑戰性
目標」以促使大家團結，這種目標具有冒險性和刺激性，
是有形而高度集中的東西；能夠激發所有人的力量，從
來就不說：「不可能」三個字，年底自然會交出「極大化
績效」。利潤是企業生存的必要條件，利潤之上的更高追
求是宗教狂熱般的「企業文化」，也就是很強的共同價
值觀。最後全體員工共同憧憬著一幅美麗的「願景」——
包括核心理念（價值、意義和目的）及未來藍圖（生動描
繪的使命與目標）。如此一來，就能創造一家真正有永續

價值的公司。

〉〉〉 幸福企業，員工說了算

　　企業是為人類幸福而存在，為社會創造幸福的同時，也滿足員工幸福感。賺錢是企業的天職，不賺錢的企業是不道德的，但賺了錢的企業需要善盡地球公民、企業社會責任和善待員工。台達電以「4S 幸福計畫－我的職場我的主場」方案獲 2020 年《遠見雜誌》「幸福企業組」首獎。主軸是「Say 認同感、Stay 參與度、Strive 凝聚力、Social Participation 社會共好」，描繪職場幸福模樣，塑造出員工專屬的共同語言。「台達電」可說是「幸福企業」的代名詞。

　　很多「幸福企業」的遴選都從宏觀的社會和企業的角度出發；若能針對員工個人進行調查，讓員工充分表達出：「心目中理想的幸福企業」應該有什麼特色？可能

表 16-1 幸福企業幸福感的來源

分析期間：2016/01/01~11/23

排名	幸福感的來源	幸福原因	網路聲量	備註
1	薪資優渥	荷包滿滿	1074	能力與薪水成正比
2	給假優惠	快樂充電	946	有薪旅行假
3	重視家庭價值	安心工作	710	托兒、安親、生育補助
4	工作有明確目標方向	平穩直接	706	不明確則有待工
5	工作夥伴相處融洽	舒心自在	694	團隊默契高
6	能夠選擇在家工作	彈性選擇	628	勞力密集 → 腦力密集
7	彈性上下班	時間分配	498	可妥善安排自己時間
8	公司在乎員工的感受或心聲	被受重視	463	意見溝通管道通暢
9	理想的工作環境	減少壓力	379	在舒適輕鬆下工作
10	公司有給員工發展願景	鼓舞士氣	266	員工對公司的歸屬感

資料來源：DailyView 網路溫度計

更具參考價值。DailyView 網路溫度計就做了這麼一份調查（表 16-1），讓人印象深刻！這幾年來資方與勞方的矛盾糾結越來越激烈，老闆們吵著：「公司找不到人才、留不住員工！」勞方則是滿腹牢騷：「慣老闆當道、豬同事一堆、公司制度不完善、何處是我家？」雙方的衝突到底何時才能化解？怎麼樣的職場環境才是老闆們要努力去營造、員工們畢生所追求的呢？

〉〉〉 A+ 的巨人公司也會倒下

一般的公司在成功之後，會不知節制，不斷追求更多、更快、更大；很容易產生「傲慢自負」的心理；甚至自我感覺良好，碰到問題常自我安慰「不是問題的問題」，不但輕忽風險，還「罔顧危險」；面臨危險時，會病急亂投醫，一錯再錯終至「放棄掙扎」。請注意：「A+ 的巨人公司也會倒下」！

在放棄掙扎前，只要一息尚存，都會想盡辦法期望如何從谷底翻身、反敗爲勝！當公司面臨破產的威脅時，不是要病急亂投醫，而是要尋找「推動變革者」；空降部隊或自行培植者皆可，重要的是能削減預算，進行長期投資。重重跌過一次跤，通常都會出現「扭轉乾坤的領導人」，化危機爲轉機；願意扼殺失敗的商業構想，關掉經營已久的龐大事業，但絕不放棄鍛造基業長青的幸福企業的理念。因爲眞正的成功，乃是無休止地跌倒後再站起來，「絕不屈服」。

瞬時競爭力：5G時代打通管理和領導任督二脈的組織新能力/顏長川作.--初版.--臺北市：時報文化，2020.08
　　面；　　公分.--(BIG；337)
ISBN 978-957-13-8300-2(平裝)

1.職場成功法

494.35　　　　　　　　　　　　　　　　　　　　　　　　　　　109010531

ISBN 978-957-13-8300-2
Printed in Taiwan

BIG 337

瞬時競爭力：5G時代打通管理和領導任督二脈的組織新能力

作者　顏長川｜圖表&資料提供　顏長川｜副主編　謝翠鈺｜封面設計　陳恩安｜美術編輯 SHRTING WU｜董事長　趙政岷｜出版者　時報文化出版企業股份有限公司　108019台北市和平西路三段240號7樓　發行專線—(02)2306-6842　讀者服務專線—0800-231-705・(02)2304-7103　讀者服務傳真—(02)2304-6858　郵撥—19344724時報文化出版公司　信箱—10899台北華江橋郵局第九九信箱　時報悅讀網—http://www.readingtimes.com.tw｜法律顧問　理律法律事務所　陳長文律師、李念祖律師｜印刷　勁達印刷有限公司｜初版一刷　2020年8月14日｜定價　新台幣320元｜缺頁或破損的書，請寄回更換

時報文化出版公司成立於1975年，並於1999年股票上櫃公開發行，
於2008年脫離中時集團非屬旺中，以「尊重智慧與創意的文化事業」為信念。